缺水型湿地生态景观格局演变及生态补水效果研究

刘修水　王步新　等　著

气象出版社
China Meteorological Press

内容简介

本书以不同时期湿地生态演变过程为基础,结合生物资源变化过程,探求衡水湖湿地发展规律并分析生物多样性对生境景观的影响,评价湿地生态系统的变化过程和机理,以保证湿地可持续发展;通过建立生态环境污染负荷预测模型,对生境质量模型进行耦合,研究自然保护区面积演变和特征指数时空变化对生物多样性的影响,为衡水湖国家自然保护区未来规划出台保护提出可行性指导和依据。

本书可供从事水利科学、水文水资源、生态环境、科研规划、工程管理等科技人员学习,亦可作为科研及高等院校师生参考用书。

图书在版编目（C I P）数据

缺水型湿地生态景观格局演变及生态补水效果研究 /
刘修水等著. -- 北京 : 气象出版社, 2024.1
ISBN 978-7-5029-8162-4

Ⅰ. ①缺… Ⅱ. ①刘… Ⅲ. ①沼泽化地－自然景观－
演变－研究②沼泽化地－补给水－研究 Ⅳ. ①P931.7

中国国家版本馆CIP数据核字(2024)第043743号

缺水型湿地生态景观格局演变及生态补水效果研究

Queshuixing Shidi Shengtai Jingguan Geju Yanbian ji Shengtai Bushui Xiaoguo Yanjiu

出版发行：气象出版社			
地　　址：北京市海淀区中关村南大街46号		**邮政编码**：100081
电　　话：010-68407112（总编室）　010-68408042（发行部）			
网　　址：http://www.qxcbs.com		**E-mail**：qxcbs@cma.gov.cn
责任编辑：郝　汉		**终　审**：张　斌
责任校对：张硕杰		**责任技编**：赵相宁
封面设计：艺点设计			
印　　刷：北京建宏印刷有限公司			
开　　本：710 mm×1000 mm　1/16		**印　张**：5.25
字　　数：109千字			
版　　次：2024年1月第1版		**印　次**：2024年1月第1次印刷
定　　价：59.00元			

本书如存在文字不清、漏印以及缺页、倒页、脱页等,请与本社发行部联系调换。

本书撰写组

组　　长　　刘修水　　王步新

副 组 长　　谢子书　　赵　亮　　张冠楠

参与人员　　刘修水　　王步新　　谢子书　　赵　亮　　张冠楠

　　　　　　王小坡　　周亚岐　　孙焕芳　　吕　洁　　曹华音

　　　　　　韩铁钢　　徐世宾　　王劭鹏　　付金磊　　朱　恒

　　　　　　孙国亮　　王晶磊　　王红利　　杨　倩　　金迺春

　　　　　　张小川　　吕子阳　　侯　鹏　　王雪雯　　杨金泽

　　　　　　董智杰　　褚慧煊　　王奕诚　　刘晓东

前言

　　衡水湖是华北平原仅次于白洋淀的第二大内陆淡水湖,是华北平原唯一完整保持湿地生态系统的自然保护区,2003 年 6 月被批准为国家级自然保护区,2004 年入选全国第四批国家水利风景区。

　　衡水湖自然保护区位于河北省衡水市境内,是由草甸、沼泽、滩涂、水域、林地等多种环境组成的天然湿地生态系统,处于多种候鸟南北迁徙路线的密集交汇区,也是众多珍稀鸟类在华北平原中、南部最理想的栖息地。由于衡水湖地处太行山麓平原向滨海的过渡区,生态类型复杂,环境优越,水质优良,因此成为水生动物、两栖爬行动物和鱼类的良好栖息地,其多样性和完整性的淡水湿地生态系统在华北内陆地区具有典型的代表性。

　　衡水湖具有蓄洪防涝防旱、调节气候、控制土壤侵蚀、降解环境污染物等功能,其不但能够造福衡水人民,而且对调节周边乃至京津地区的气候、改善生态环境起到重要作用。

　　衡水湖自然保护区处于自然经济活动和人为经济活动交叉影响的地带。作为一个动态、开放、复杂而脆弱的生态系统,衡水湖自然保护区因其具有突出的区位、资源和经济优势,已成为近年来国内外湿地生态研究的重点。在我国,几乎所有的湿地、水域都不同程度受到环境污染的威胁。保障衡水湖湿地可持续发展,在保证其区域经济快速增长的同时改善环境质量意义重大。

　　近年来,华北地区水资源严重短缺,当水文条件发生重大改变时,湿地容易失去其自身的径流补给，不得不依靠调水进行补充。受外调水源补水条件的限制，补水过程中主要受人为控制的因素影响。湿地动植物生存所需水文过程关系不明朗会导致因补水不当而引发的自然生态的破坏。本书以不同时期湿地生态演变过程为基础，结合生物资源的变化过程，探求衡水湖湿地的发展规律并分析生物多样性对生境景观的影响，评价湿地生态系统转化过程和机理，以保障衡水湖湿地的可持续发展；通过建立衡水湖自然保护区的生态景观环境评价体系，对其生态环境现状规则进行评估研判，同时建立生态环境污染负荷预测模型，并对生境质量模型进行耦合，研究自然保护区面积演变和特征、景观指数时空变化及对生物多样性的影响。本书可为衡水湖国家级自然保护区未来规划出台保护方案提出可行性的指导和依据，对促进其环境、经济发展具有重要的现实意义。

作者
2023 年 11 月

目 录

第1章

引　言

　　生态环境的发展影响着人类的物质基础及生存环境,因此生态系统越来越受关注。湿地与森林、海洋并称为三大生态系统,具有一定的独特性和多元性,为调节当地的生态环境、带动周边经济建设发展起到重要作用[1]。生态系统中服务功能最复杂且具有一定综合性的就是湿地[2]。随着社会经济建设的发展,湿地面积逐渐减小,在 20 世纪,大量的湿地被改造成农田。同时,水资源的过度开发利用以及环境污染程度的加重,也导致了湿地生态系统多样性的严重破坏[3-5]。因此,应该将需要进行特殊保护以及管理的地区划分出来,作为自然保护区进行统一管理[6,7]。自然保护区的建立也使我国更加重视景观内部及周围区域的科学管理,且逐渐成为重要课题研究方向。景观格局演变过程的研究是通过研究景观格局斑块来分析区域发展的变化规律,其对水文过程和生态多样性等多方面的研究均起到了重要的影响,并逐渐成为全球生态学的研究热点。

　　华北平原的生态湿地种类众多,工农业用水量的增加、天然降水量的减少、地下水资源的过度开采造成河流水资源补给的短缺,加之水库等水利工程的大量兴建,湿地逐渐出现由平原向山区转移的现象。西部山区开始修建库塘型湿地,水资源被拦截储蓄,造成平原区东部的湖泊水资源紧张,湖泊型湿地萎缩,生态系统受到严重威胁,对平原地区众多珍稀动植物的栖息环境造成了严重影响[8]。衡水湖作为除白洋淀外华北地区最大的湖泊型湿地,由于水资源短缺、围湖造田等因素,逐渐成为缺水型湿地的代名词。衡水湖自 1958 年建堤蓄水以来经历了不同发展阶段,曾为天然的湖泊型湿地,20 世纪 50 年代开始围湖造田,造成湿地面积逐渐萎缩,之后为周围耕地及居民点提供水资源修建水库,更加剧了衡水湖的枯竭,间接造成冀州城的衰败。1973 年衡水湖开始蓄水,因水量不稳定,水生生物基本无法生存。1985 年施行"引卫入千"政策加大水量,但引水量仍无法保证,并出现了无水可引的情况,造成衡水湖湖区干旱。1994 年实施"引黄入冀"(简称"引黄")后,衡水湖摆脱干湖的状态,生态系统逐步恢复,拥有水域、滩涂等生态环境,生物资源进一步提升。2000 年衡水湖建立湿地与鸟类自然保护区,开始关注湿地生态系统,对保护区实施一系列保护管理措施并展开一系列生态系统的恢复工作,其生物资源丰富度也随之增加,其中水生植被、鸟类、鱼类以及浮游生物等变化明显。

通过分析35 a的衡水湖遥感数据,以"引黄"为重要时间节点,了解衡水湖三个不同时期的景观面积演变特征;基于景观斑块变化,动态地分析各景观类型的变化规律;基于前期土地利用分布图,对景观指数进行定量研究,从空间和时间两个角度了解各景观类型变化、破碎化程度以及空间分布,进一步分析衡水湖的空间异质性及变化的驱动因子;通过对"引黄"前后生物物种变化以及栖息地生境质量分析,结合景观类型变化过程,得到衡水湖的生态演变进程及影响因素,为衡水湖生态环境规划及利用提供切实有效的建议,对稳定并提升衡水湖生态环境质量具有重要现实意义。

本研究以不同时期景观格局变化过程为基础,结合生物资源变化,探求衡水湖的发展规律及对生物多样性的影响情况,对评价湿地生态系统管理具有重要的理论意义和应用价值[9]。

1.1　景观格局概念及研究进展

景观格局实质上是在表达区域土地覆被信息,因此一般将各景观类型的斑块作为基本研究单元了解其变化规律,进而了解整体结构、布局的变化。景观格局在湿地中的应用方法众多,应用领域繁杂多样,但其往往离不开识别提取与景观分析这两个关键步骤。目前应用较为广泛的景观格局分析方法大致分为三类,分别为景观指数、空间统计学方法以及模型动态模拟[10]。其中,景观指数与景观动态模型的分析法应用最为广泛。

国外对于景观格局各方面研究均较早,这一概念在20世纪50年代由德国科学家Troll率先提出,但此后的研究仅停留在描述性的分析,研究内容较为单一,主要针对景观格局的数量以及变化机制进行研究[11,12]。20世纪末,随着3S技术(GIS(地理信息技术)、GPS(全球定位技术)、RS(遥感技术))的兴起与应用,景观格局研究进入了全新的时代,拓宽了研究思路,加快了景观生态学的研究步伐,成为景观研究的重要技术支撑[13]。国外学者研究运用3S技术较为广泛,且更趋向于研究景观格局变化的驱动因子[14]。有国外学者Tischendorf应用3S技术的创新性,从三个不同的角度对景观格局的空间分布进行分析,得到美国科罗拉多山脉的景观变化特征[15]。国内有闫小满等[13]利用3S技术,通过定量化研究1960—1990年30 a长期的景观指数变化,得到土地利用与生态多样性之间的相互关系及其变化的驱动因素。

国内景观格局的研究工作起步较晚,20世纪80年代引入了关于景观生态的具体概念及应用,到20世纪90年代景观格局的研究才开始兴起并逐渐成为热点话题。随着其研究的不断深入,针对景观面积、变化幅度以及景观指数的变化进行了定量化研究。在研究方法上,目前国内应用空间遥感技术、景观指数等方法研究景观结构及探求时空变化规律的实例较多。例如,在泉州湾河口湿地以 ArcGIS 10.1 及 Fragstats 4.2 软件为基础,结合遥感图像对景观格局的演变过程进行动态分析[16];2017 年韩美等[17]利用 1989—2014 年 4 期黄河三角洲的 TM 影像,进行遥感解译并进行精确分类,选择建筑用地等与人类活动强度具有较强相关性的景观类型进行景观指数计算,定量化分析人类干扰强度对黄河三角洲的影响情况;石英杰[18]以 2007—2017 年 10 幅遥感影像为基础,利用遥感解译和景观指数的方法,从时间和空间两个方面考察白洋淀湿地景观格局的变化及驱动因子,为白洋淀湿地的恢复与可持续利用提供参考。国内对于区域景观变化驱动因子的研究也随着研究的加深逐渐登上历史舞台。驱动因子主要分为人类因素以及自然因素,人类因素多具有人类活动强度较强、影响速度较快的特性,可以在短时间尺度上有所表现,其主要包括政策实施、经济发展等;而自然因素属于长期变化的过程,一般反映于长尺度的影响上,主要包括坡度、水文等方面,分析较为复杂。张敏等[19]利用地理空间信息技术结合 1984—2014 年 20 a 的影像,通过景观指数计算结果,分析得到白洋淀景观格局演变特征,并对周边区域的人口以及经济状况进行统计分析,得出社会发展是威胁湿地变化的最重要因素。

在收集并处理数据方面,遥感影像一直以覆盖广的特性成为学者研究湿地监测的主要工具,但由于成本高、周期短的缺陷,限制了长序列研究的进展。Landsat(陆地卫星)系列自 1972 年开始,至今共发射 8 颗卫星,因具有时间跨度长、获取成本低的优点,一直是国内外学者研究区域长序列发展的首选。洪佳等[20]在 2016 年将黄河三角洲近 40 a 的遥感数据分为 9 期,利用人机交互的解译方法对影像进行分类,分析黄河三角洲的景观演变过程,得到造成其变化的驱动因子;周林飞等[21]将两种传感器的遥感影像进行分类,对比分析其精确性,使 Landsat 8 的精确性提高 11.46%,进一步证明了遥感提取信息技术的进步。在遥感影像处理过程中,需要对各种土地利用类型进行分类识别,而分类识别的方法也具有多样化的特性,其中面向对象分类法、最大似然法以及支持向量机算法应用范围较广。如,对 73 项研究总结中,国外学者 Dronova[22]发现面向对象分类法能将像素分类的准确性提高 31%;陈琳等[23]利用收集的陆地卫星遥感数据,主要通过面向对象分类法中的决策树模型进行分类处理,并对人类活动信息进行有效提取,了解人类活动范围的变化幅度以及演变特征;董金芳等[24]对合阳黄河湿地进行识别分类,并对湿地景观格局进行分析,将支持向量机算法与最大似然法的分类结果进行详细比对,得到支持向量机算法的分类结果中虚假像元较少的结论。

综上所述,对于国内外景观演变特征的研究已有大量成果,主要从景观面积、景观指数、空间分布、生态水文以及驱动力因子等多个层次进行了不同区域、不同类型的分析。我国学者对黄河三角洲[25]、洞庭湖流域[26]、长江中下游流域[27]的河湖及流域的景观格局进行了大量研究,对于华北平原的湿地景观研究以衡水湖和白洋淀为主。黎聪等[28]对衡水湖 1987—2005 年三个不同时期的景观格局进行分析,指出衡水湖湿地面积逐渐增大且景观格局逐步优化;郭子良等[29]研究了 2004 年、2010 年以及 2016 年三个时期的衡水湖国家级自然保护区景观格局,并对其进行了保护成效分析,主要侧重于景观压力指数的影响。对于衡水湖景观指数筛选方法以及空间异质性的分析研究较少,尚未考虑保护区调整后外围保护带的发展对于景观格局的影响。

1.2 生境模拟及对生态多样性的研究与应用

生境,即适宜生物生存发展的环境,通常情况下会根据数学模型对生态评价指标的权重进行设定,进而得到生态安全、质量的等级划分。生物多样性是衡量一个地区环境质量和生态文明程度的常用指标,生境质量维系着生物多样性的稳定,与人类社会的发展进程息息相关,因此生境质量模拟已经成为国内外学者研究生物多样性的主要工具。生物多样性的概念最早应用于昆虫多样性的分布上[30]。1988年,Wilson 和 Peter 将这一概念推广后被广泛应用。湿地作为综合性的生态系统,生物种类的丰富度及复杂性较高,因此湿地的生物多样性在现阶段被广泛关注。自然湿地的生境质量多与鸟类有较为密切的关系,随着人类开发程度的加剧,鸟类生境遭受着不同程度的损害[31]。由于鸟类作为生态环境的主要消费者,具有较强能动性,涉及生境的范围较广,对周围环境的改变具有极强敏感度,因此生境与鸟类资源具有一定的相关性,鸟类的变化也是监测生境的重要客观指标[32]。

生境模拟的方法之一——In VEST 模型(生态系统服务和权衡的综合评估模型),已经在全球超过 20 个国家的土地规划利用、生态保护、气候变化等方面起到至关重要的作用,应用较为广泛。此模型由美国资本项目组主持开发,主要服务于生态系统的功能评估,分为不同服务类型的功能模块,"Habitat Quality"(生境质量)模块是其中的一类,主要应用于生态环境质量的评估。该模型目前已经成功应用于国内外不同流域,如中国的黄河流域[33]和闽河流域[34]、地中海、美国的夏威夷[35-38]等。且该模型现在大多用于研究湿地鸟类生境质量,如张大智[39]在南四湖流域主要运用In VEST 评估出区域的优先保护区,得到不同政策对生物多样性的影响状况;白健等[40]在闽江流域用生境质量指数研究白鹭的生态多样性以及生态服务功能;邓万权[41]研究莫莫格湿地越冬白鹤的生境空间分布并进行综合评价,得出对生境影响最大的因子。另外,决定生境质量的重要指标为生境敏感度、威胁因子以及退化度等,不同的威胁源有着不同的权重、适宜度以及作用的最大影响距离。因此,为探寻不同土地覆被类型的不同指标,进行了大量的研究[42-44],其中大多将居民点、裸地、工矿用地等作为威胁源,探求其对鸟类生存环境的威胁程度,并对指标进行不同程度的调整[45]。在指标评定中,主要借鉴已有的研究和 In VEST 模型使用手册,并结合本地区的情况进行总结归纳。

鸟类常位于生物链的顶端,对湿地生物多样性起到了一定的调节作用。水生植物、鱼类等物种作为鸟类的生存资源,依附水域而生。鸟类对生境变化影响最大的因子为水位,水位的变化又与水面面积呈现一定的正相关关系[46],因此越来越多的学者开始研究水位与生物多样性的关系。水文过程对生态起着举足轻重的作用,是影响水生植物变化与发展的重要驱动因子[47],同时水生植物作为生态系统的食物链的基础存在,是其他生物栖息以及重要的食物来源[48],还为净化水质、防止水体富营养化起到一定作用,因此水位与水生植物之间的关系响应逐渐成为生态学中研究的重点方向。国外学者在荷兰地区的研究表明,枯水期的植物多样性高于丰水期,说明水位并不是越高越适宜植被生长[49]。国内学者对鄱阳湖的研究表明,在水位较低时,植物群落以芦苇等植被为主,生物多样性较高,而水位升高时植物群落偏向于单一[50]。对三江平原的研究也发现,低水位更适宜多数水生植被生长,高水位只适于沉水植物,因此合适的生态水位更利于生物资源的稳定[51]。

周期性的水位波动是影响鱼类生长与排卵的重要因子,也是影响鱼类群落的差异性分布的重要因素。王鸿翔等[52]在洞庭湖研究中,通过鱼类以及植物的敏感生长期,探究高低水位对其影响性,从而确定生态水位的阈值。杨少荣等[53]发现,鱼类的种数、捕获量与水位的高低呈现明显的正相关关系,其随水位的升高而增加。浮游生物密度还具有夏高冬低的特点,与大多数湖泊水位冬高夏低的特点相契合,浮游生物作为水生态系统中最重要的一部分,为维持水环境以及其他生物的发展稳定起到重要作用[54]。因此,研究浮游生物群落结构特征及其与环境条件之间的相关性,对水域生态环境保护具有重要意义。国内外皆注重在生物影响以及非生物影响两个方面的研究[55],如梅海鹏等[56]重点研究分析了洪泽湖 50 a 的水位变化特征,由于研究的时间尺度较大,因此将数据分为五个不同的阶段,将年内也分为三个不同阶段进行对比分析,了解各个时期水位的年际变化规律,结合当地的浮游生物资源情况进一步分析水位变化对其的影响情况。张雅燕等[57]在 1998—2001 年对比分析了影响水体生物的各种影响因素,得到水温和溶解氧是影响千岛湖浮游植物生物密度的主要因素。魏念等[58]对三峡库区的浮游植物群落进行分析,得出高低水位以及不同水体分层效果下植物的变化情况,得出低水位更适宜浮游植物的生长。

第 2 章

▶▶▶

研究区概况

2.1　研究区范围

衡水湖史称"千顷洼",是由太行山东麓平原前的洼地积水形成,位于华北平原中南部,横跨衡水市冀州区及桃城区,距离衡水市区大约 10 km,106 国道在湖区中心贯穿而过。衡水湖位于115°28′27″—115°41′54″E,37°31′39″—37°41′16″N,处于人口聚集密度较大区域。衡水湖自然保护区总面积 187.87 km²,由东西两个湖区组成,西湖由于水资源短缺一直处于干涸的状态,在东湖区的东南部开发了面积 10.1 km² 的冀州小湖,方便湖区进水。衡水湖拥有历史悠久的人文景观、丰富的生物资源和水资源等,是集多种价值于一体的综合性自然保护区,拥有白鹤、金鹰、白肩鹰等 7 种国家重点保护鸟类,还有鸳鸯、灰鹤等 44 种国际保护鸟类。为保证生态系统的天然性并保护珍稀动物的生长环境,将保护区划分为核心区、缓冲区以及实验区。但在 2014 年又对不同区域面积进行调整,保护区调整后的总面积为 16365 hm²,其中核心区面积 5816 hm²,缓冲区面积 4604 hm²,实验区面积 5945 hm²;调出区域面积 2422 hm²,设为外围保护带。本书将外围保护带列入研究区域内,研究区具体位置见图 2-1。

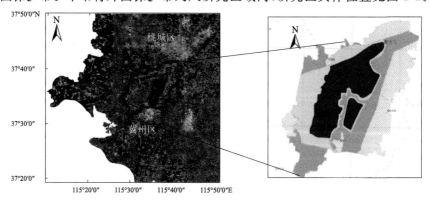

图 2-1　衡水湖国家级自然保护区位置区域图

2.2 自然环境概况

衡水湖处于华北断坳,分布着巨厚的第三系以及第四系地层,属于第四纪基地构造。保护区湖区土壤主要以潮土为主,在湖区的东边存在中壤质潮土、轻壤质潮土以及少量盐土,不适宜种植庄稼;在湖区的西边主要分布沙壤质潮土,伴随少量盐化情况。

衡水湖处于内陆平原,属于暖温带大陆性季风气候,四季分明,常年盛行偏南风。春季,3—6月为多风月,天气温暖干燥,回温较快,降水量较小;夏季漫长,降水量大;秋季凉爽,阳光充足多风,气温呈相对明显的下降趋势;冬季短,降雪较少。衡水湖多年平均气温大约12.8℃,较高温度集中在6—8月,最高气温平均26.0℃,较低温度集中在12月至次年2月,最低气温平均−1.3℃。日照时间历年平均2642.8 h,日照百分率可达60%,5月日照时间最长,可达283.9 h,12月日照时间最短,可达177.1 h,因此3—10月适合种植农作物,平均日照时间均能达到220 h以上,适合多数农作物的光照需要。

衡水湖多年平均降水量489.4 mm,且集中分布在7月和8月,占全年降水量的56.0%,7月多年月平均降水量156.4 mm,8月多年月平均降水量112.2 mm,夏季降水量以及气温偏高,为农业生产创造了适宜的条件和环境。衡水湖蒸发量历年平均1043.1 mm,由于蒸发量与气温成正比,最大蒸发量集中于每年的6月,最高可达156.1 mm,最小蒸发量集中在12月,可达22.2 mm。20世纪80年代,衡水湖主要依靠卫运河、滏阳河水系进行引水,方便周围农业以及工业用水,直到1994年引入黄河水后,才解决了衡水湖干涸的问题。近年来,由于休耕等政策的实施,周围工业与农业需水量减小,2008年以来,补水方式从冬季补水逐渐转变为不定期补水,导致夏季水量增加。

2.3 社会经济概况

衡水湖国家级自然保护区涉及的行政区为郑家河沿镇、冀州镇、彭杜乡、小寨乡等6个乡镇,包含106个村落,人口密度也在逐年增加,近年来达到290.4 人/km²。湖区周围农业较为发达,主要种植小麦、玉米等粮食作物。由于湖区自1994年"引黄"以来没有干涸的情况,因此渔业发展也有了较大的提升,主要包括鱼类的养殖以及定期捕捞。村民主要盈利方式为:农业、渔业、畜牧业、务工等,其中农业、渔业以及务工为临湖村民的主要经济来源。自"十二五"规划以来,衡水市的人口以及国民生产总值在稳步提升中,尤其在2011年后,衡水市建立滨湖新区形成"一湖三地"的策略,将衡水湖自然保护区、彭杜乡、魏家屯镇以及衡水湖新开发区列为重要战略要地,重点发展文化旅游、休闲度假、金融体育等现代服务业。随着各种政策的实施,衡水湖经济和城镇化程度都有了较大的提升。

第 3 章

研究内容

本章主要以 2014 年调整后的衡水湖自然保护区为研究区域,应用 ArcGIS 10.2、ENVI 5.3、Fragstats 4.2 以及 In VEST 3.9.2 等软件,基于 1984—2019 年 35 a 的长序列遥感数据,以 1994 年"引黄入冀"为重要时间节点,利用 ENVI 5.3 对 8 期的遥感影像进行预处理来消除传感器以及大气层等对影像造成的影响。通过最大似然法对影像进行分类,得到不同时期的土地利用分类图并提取各景观类型的信息,以此为基础展开综合分析,主要研究分为以下几个方面:

(1)对研究区历年的景观面积进行分析,分析不同时期的景观转移面积、单一动态度以及综合动态度,得到不同景观类型面积的相互流转过程以及转移速度,动态地分析不同时期的景观面积变化。

(2)基于获取的土地利用图,选取了类型及景观两个层次的景观指数,利用 Fragstats 软件测算出各个时段的景观指数变化趋势,并从部分及整体两个不同的角度展开研究。通过移动窗口法对景观水平上的指数变化进行空间分析。结合前期景观面积变化研究结果共同探索景观格局的动态演变过程及影响因素。

(3)通过对景观类型威胁源的提取,构建生境质量模型,并与景观格局演变过程结合,研究鸟类栖息的生态环境的景观构成。利用 NDWI(归一化水体指数)提取 1984—1994 年及 2007—2017 年每年夏季和冬季的水面面积,探求"引黄"前后以及近期水面面积的变化情况。通过水面面积、水位分析鱼类、水生植物以及浮游生物的变化过程,从而进一步了解生态补水对于生物生境演变的重要性,以及生态补水量对缺水型湿地实际的应用效果。

3.1 数据来源及预处理

3.1.1 数据来源

遥感影像在目前的各类研究中应用较为广泛,项目具体要求分为不同分辨率的传感器。由于 Landsat 系列遥感数据广泛用于监测、反演以及区域划分等研究,获取途径简单,具有时间跨度长的优点,适用于进行长序列的研究,因此选择 Landsat TM4、Landsat TM5、Landsat MSS7 以及 Landsat OIL8 四种不同的传感器,其空间分辨率为 30 m。由于景观格局分析多基于宏观,其中 Landsat 8 中单色 8 波段的空间分辨率达到 15 m,因此中等分辨率符合本次研究的需要。本书中选择空间分辨率 15 m 的单色影像作为几何精校正的校正影像。

在选择多年遥感影像时,需要设置云量小于 15% 的遥感影像进行筛选,对于 Landsat MSS7 影像条带受损的情况,须在软件 ENVI 中加入"Landsat-gapfil"补丁文件来修复其条带损害。对于景观格局分析影像,植被生长较为茂盛的夏季具有一定的代表性,更便于光谱分类,因此本研究选择了 1984 年、1989 年、1994 年、1999 年、2004 年、2009 年、2014 年以及 2019 年 8 期 6—8 月的遥感影像。水体指数分析要求的遥感数据量较大,为对"引黄"补水时期的冬夏季进行对比,一年中选择两幅影像,可能使得在遥感的季相上无法保证完全统一,因此应尽可能选择相近时间或者水量对比性较为强烈的月。由于文中的遥感数据涉及时间以及数量较多,其来源主要是在美国地质调查局(USGS)(https://www.usgs.gov/)以及地理空间数据云(https://www.gscloud.cn/)进行交叉查询,具体选取时间如表 3-1 所示。

表 3-1　1984—2019 年遥感影像选取

序号	时间(年—月)	类型	空间分辨率/m
1	1984—08	TM	30
2	1989—08	TM	30
3	1994—08	TM	30
4	1999—08	TM	30
5	2004—07	TM	30
6	2009—08	TM	30
7	2014—08	OIL	30
8	2019—08	OIL	30

3.1.2　数据预处理

遥感影像在软件 ENVI 中大致分为以下几个步骤进行预处理:

(1)几何精校正。本次研究的遥感影像为经过系统几何校正的 Landsat 系列,但为了数据更加精确,遥感数据需要以 15 m 的单色波段作为校正影像,以全色波段作为基准影像进行几何精校正。选取 50 个基点对两幅图像进行配准,使"RMSE"要求的误差保持在 1 以下,最后利用三次卷积法进行几何精校正。

（2）图像剪裁。由于 2014 年对衡水湖国家级自然保护区的边界进行过调整，无法获取到有效的裁剪边界，因此利用网上文献公布的区域图在 GIS 中定点进行地理配准，再构建面数据将边界矢量化，用于后期保护区影像的裁剪，经过图像剪裁后影像变小，再进行其他预处理会加快数据处理的进程。

（3）辐射、大气校正。在 ENVI 中首先利用"Radiometric Calibration"进行辐射定标，消除辐射影响，并对文件属性进行重新定义，方便后期大气校正[59]。大气校正较为复杂，需要提前根据 GMTED 2010 计算出衡水湖地区平均高程（0.023 km），对拍摄影像的时间、传感器类型以及大气模型进行选择，达到消除大气对数据影响的目的。

（4）图像修复。本次运用了多个不同的传感器，Landsat 7 由于自身的系统错误存在条带损害，因此需要利用插件"Landsat-gapfil"在 ENVI 中对部分影像进行条带修复后，再进行后期预处理。

3.2　遥感影像分类与解译

3.2.1　最大似然法分类

遥感影像的分类方法分为监督分类与非监督分类两种方式，其中监督分类实际上是选择训练场地，根据训练场地提供较为典型的样本，通过特征参数的决策进行图像分类的方法，主要包括最大似然、判别分析以及特征分析等方法。在以往研究中，由于最大似然分类法的正确率较高，再结合人机交互目视解译提高分类的精确性，本次研究中选择监督分类方法中的最大似然法。在其他学者对于衡水湖自然保护区的地物研究、研究区真实情况以及谷歌地图高分辨率的历史遥感影像的支持下，在波段合成 4、5、3 或者 5、4、3 的基础上，根据光谱的反射特征以及纹理，选择较为纯净的像元作为训练样本，对分类结果进行目视解译主要依据其他学者的研究成果[28,29]、谷歌历史影像，以及根据《土地利用现状分类》（GB/T 21010—2017）、《湿地公约》等进行分类，分别为：林地、农田、未利用地、水体、居民点及芦苇沼泽六大类，其中水体、芦苇沼泽为天然湿地景观，其余均为非湿地景观。

3.2.2　分类后处理

本研究将分类结果输出时需要进行掩膜处理，将背景与分类结果进行区分，为消除小斑块以及错误像元的影响，需要将六大景观类型进行分类后处理，利用 ENVI 中主要分析以及次要分析中卷积滤波的方法，将虚假的错误像元归于距离较近的类别中，达到消除小斑块的目的，提高分类识别的精确度。在解译过程中出现明显的虚假像元以及不正确的分类结果，还可运用 ENVI Classic 进行局部的手动修改，达到提高精度的目的。遥感数据解译样本如表 3-2 所示。

表 3-2 遥感数据解译样本

Landsat 8 影像（8 月）	谷歌影像	土地利用类型	描述
		芦苇沼泽	紧挨水体，颜色呈褐色，没有明显的边界
		水体	水体颜色多呈现为绿色、蓝色等
		林地	林地多在道路以及居民点附近，纹理粗糙，颜色多为深绿色
		居民点	居民点聚集度较高，颜色发亮，斑块斑驳
		未利用地	未利用地颜色为灰白色，常见与农田交错

续表

Landsat 8 影像(8 月)	谷歌影像	土地利用类型	描述
		农田	农田通常排列整齐,呈现网格状、成片状发展

3.2.3 分类精度验证

通过 GIS 选择 50 个随机点进行分类结果的精度验证,如图 3-1 所示。将创建的 50 个随机点在 ENVI 中展开,进行感兴趣区验证样本的选取,采用高分辨率的历史图像、网页上的历史视频以及实地问询的方式,以保证获取参考源的真实性,对选取均匀的样本进行精度评价。分类结果精度验证方式分为两种:一为混淆矩阵法,二为 ROC 法(受试者工作特征曲线法),其中混淆矩阵法使用最为普遍,因此利用混淆矩阵法获得精度报表,保证 Kappa 指数在 0.8 以上,分类精度在 80% 以上,如表 3-3 所示。

图例
- • 随机点
- ▨ 衡水湖保护区边界

图 3-1　解译采集点示意图

表 3-3　分类精度验证

年份	精度/%	Kappa 指数
1984 年	90.70	0.8731
1989 年	88.39	0.8528
1994 年	95.49	0.9406
1999 年	89.78	0.8608
2004 年	97.70	0.9602
2009 年	96.32	0.9448
2014 年	86.59	0.8231
2019 年	94.67	0.9198

第4章

衡水湖景观面积演变动态分析

景观格局演变分析首先须探究各类型面积的变化，了解研究区的类型构成以及不同类型面积在空间中的流转变化[59,60]。由于衡水湖自然保护区主要依靠生态补水维持水资源稳定以及生态系统的运作，因此本章选择了以 35 a 为时间跨度的遥感影像，以引黄工程为重要节点，分为引黄前、引黄初期、近年三个不同时期进行景观格局的对比分析，了解整体的变化趋势以及引黄等措施的实施效果。

4.1　分析方法

景观面积及其动态度变化作为主要研究内容之一，需要基于分类结果在软件 ENVI 中完成；景观面积动态分析主要依靠面积转移矩阵法及面积变化动态度法进行分析。

4.1.1　景观类型转移矩阵法

通过景观面积的转移矩阵法，针对该区域初期以及末期的各种类型的面积数量变化情况，了解各景观类型在各个时期的流转情况，进而了解整体景观格局的动态演变过程，并能在一定程度上得到未来的变化趋势，如公式(4-1)所示：

$$S_{ij} = \begin{bmatrix} s_{11} & s_{12} & \cdots & s_{1n} \\ s_{21} & s_{22} & \cdots & s_{2n} \\ \cdots & \cdots & \cdots & \cdots \\ s_{n1} & s_{n2} & \cdots & s_{nn} \end{bmatrix} \tag{4-1}$$

式中：S_{ij} 为该类型初期与末期的转换面积，其中 i 表示初期，j 表示末期，n 为景观类型的数量。

4.1.2　动态度分析法

土地利用类型面积在一段时间内的变化幅度称为动态度,一般以年平均为单位分析变化的剧烈程度,因此动态度为绝对值。动态度主要分为:单一景观类型动态度以及综合景观类型动态度两个部分。

4.1.2.1　单一景观类型动态度

单一动态度是每个类型景观面积的变化幅度,以年平均为单位,用百分数表现,体现出该区域景观类型变化的剧烈程度,可以直观地表现出面积的转移情况。其数值越大,各类型面积的变化程度越剧烈;数值越小,各类型面积的变化幅度较小。如公式(4-2)所示:

$$L_c = (U_b - U_a)/U_a \times 1/T \times 100\%　　　　　　(4-2)$$

式中:L_c 为某一时期某一景观类型的面积变化幅度,U_b 为该时段末期的景观面积,U_a 为该时段初期的景观面积,T 为该时间段的具体时间。

4.1.2.2　综合景观类型动态度

综合动态度是在一定的时间范围内对整体景观面积变化程度的描述,与单一动态度大同小异,都是着重于面积的变化过程,而不是变化结果[61]。其从整体上把握衡水湖三个不同时期的时空演变特征。如公式(4-3)所示:

$$L_C = \frac{\sum\limits_{i=1 j=1(i \neq j)} L_{Uij}}{\sum\limits_{i=1} L_{Ui}} \times \frac{1}{T} \times 100\%　　　　　　(4-3)$$

式中:L_C 为某一时期面积变化的整体幅度,L_{Uij} 为该时段两种景观类型 i 和 j 转换的面积,L_{Ui} 为该时段初期的面积,T 为该时间段的具体时间。

4.2　衡水湖景观面积变化特征

4.2.1　衡水湖引黄前各景观类型面积变化

以衡水湖 1984 年、1989 年和 1994 年 3 a 的土地利用分布图为基础,对 3 a 的面积信息进行提取,利用 ENVI 5.3 以及 GIS 进行转移矩阵面积的计算,分析在引黄前衡水湖自然保护区的年际动态变化。

1985 年后,衡水湖引黄前的水体才开始退耕还湖蓄水,供给周围农工业,其作为重要的景观基质发展,但并不稳定,面积呈现先上升后下降的趋势。农田与未利用地在 3 a 中的变化较大,农田作为主要景观面积占比一直居高,但在 1994 年最低时达到 62.99 km²,较 1984 年、1989 年相比,下降到 28.64%,而未利用地 1984 年、1994 年较高,并在 1994 年达到了 70.91 km²,占比为各景观类型中最大,占到 32.24%,成为主要景观基质。这说明西湖区域干涸,盐碱化程度较高,未能大量种植作物。居民点用地随着城镇化的不断加深,一直处于增长状态,从 1984 年的 15.26 km²、1989 年的 16.96 km²,到 1994 年的 17.81 km²,占比逐渐增加。林地面积则处于逐年下降的趋势,1994 年下降到最低,达到 25.40 km²。可见,在引黄前衡水湖国家级自然保护区的各景观类型面积波动较为明显,如图 4-1 和表 4-1 所示。

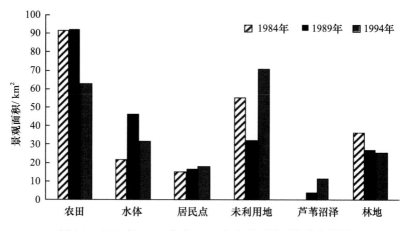

图 4-1　1984 年、1989 年和 1994 年各景观类型变化趋势图

表 4-1　1984 年、1989 年和 1994 年景观类型面积变化

景观类型	1984 年		1989 年		1994 年	
	面积/km²	百分比/%	面积/km²	百分比/%	面积/km²	百分比/%
农田	91.37	41.55	92.36	42.00	62.99	28.64
水体	21.67	9.85	46.66	21.22	31.39	14.27
居民点	15.26	6.94	16.96	7.71	17.81	8.10
未利用地	55.23	25.11	32.53	14.79	70.91	32.24
芦苇沼泽	0.00	0.00	4.08	1.86	11.47	5.20
林地	36.40	16.55	27.32	12.42	25.40	11.55

根据表 4-2 和图 4-2 可知 10 a 的面积流转情况。1984—1989 年,农田主要转换为 6.84 km² 的未利用地以及 3.92 km² 的林地;未利用地总面积为 55.23 km²,由于 1984 年衡水湖湖区处于干涸的状态,仅有冀州小湖留存部分水体,因此 1984—1989

年有 21.51 km² 的未利用地转换为水体,占总面积的 39.0%,23.3% 的未利用地转换为农田、居民点以及林地;林地大部分转换为 8.19 km² 的农田、6.70 km² 的水体以及 5.88 km² 的未利用地,由于衡水湖围湖造田,水量的不足导致未利用地以及林地向水体流转较多。1989—1994 年,农田由 92.36 km² 下降到 62.99 km²,且有 30.87 km² 的农田转换为未利用地,占 1989 年农田面积的 33.4%,说明湖区周围土地流转仍较大;未利用地的转换面积则减小,主要转换为 4.54 km² 的林地以及少量农田、居民点,说明 5 a 未利用地一直保持在原有的基础上,转换量不大;芦苇等水生植物还未大量种植,由于水量不稳定,因此造成沼泽等湖区浅水区面积较小,有 6.56 km² 的水体转换为芦苇沼泽;林地则主要向未利用地以及农田两个方向进行转化,有 9.45 km² 转换为未利用地,4.24 km² 转换为农田,说明耕种土地侵占林地,导致林地面积减小。

根据表 4-2 分析可知,农田多为干涸后的湖区,受土地盐碱化以及前期围湖造田的影响较大,湖区水量也在 1985 年卫运河引水后开始上涨,但水量不稳定,1994 年仍有干涸情况,沼泽等天然湿地在蓄水后面积才逐渐增长。因此 1984—1994 年这 10 a 未利用地的转换是最频繁的,农田、水体、林地的流转面积较大,影响景观格局稳定的因素较多。

表 4-2　1984—1994 年各景观类型面积转移矩阵　　　　　　　单位:km²

年份	景观类型	农田	水体	居民点	芦苇沼泽	林地	未利用地
1984—1989 年	农田	79.42	0.18	0.94	—	3.92	6.84
1989—1994 年		55.03	0.04	0.77	0.30	5.28	30.87
1984—1989 年	水体	0.19	17.91	0.21	—	2.34	0.38
1989—1994 年		0.57	29.84	1.43	6.56	3.87	4.38
1984—1989 年	居民点	0.54	0.36	11.85	—	0.81	1.67
1989—1994 年		0.53	0.12	12.22	0.01	1.43	2.64
1984—1989 年	芦苇沼泽	—	—	—	—	—	—
1989—1994 年		0.02	0.61	0.01	3.03	0.12	0.30
1984—1989 年	林地	8.19	6.70	1.82	—	13.42	5.88
1989—1994 年		4.24	0.67	1.30	1.51	10.13	9.45
1984—1989 年	未利用地	3.93	21.51	2.13	—	6.82	17.75
1989—1994 年		2.56	0.09	2.06	0.05	4.54	23.22

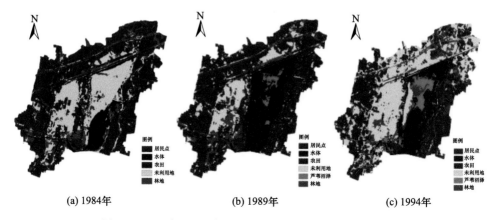

(a) 1984年　　　　　　　(b) 1989年　　　　　　　(c) 1994年

图 4-2　1984 年、1989 年和 1994 年衡水湖土地利用分布图

4.2.2　衡水湖引黄初期各景观类型面积变化

根据表 4-3 和图 4-3 分析 1994—2009 年的景观面积变化情况得出,1994 年开始施行引黄入冀后,农田的面积呈现持续增加趋势,从 62.99 km² 增长到 82.12 km²,再到 2004 年达到 114.50 km²,总体占比 52.05%。由于农田利用率升高,未利用地的面积逐渐减小,到 2004 年仅剩 7.66 km² 的未利用地,占比最低,仅占总面积的 3.48%。水体则处于上下波动状态,1999 年下降到 23.02 km²,到 2004 年达到 32.13 km²,其与当年引水量、降雨蒸发量以及用水量的关系较大。即使引黄调水,水量在 10 a 的变化中仍存在着波动,但引黄措施使得衡水湖避免了干涸现象的发生,芦苇沼泽在引黄初期的 10 a 中稳步上升,从 11.47 km² 上升到 15.47 km²,再升到 19.04 km²,占比达到 8.65%,为鸟类生境以及其他生物的栖息地提供了良好的保障。

表 4-3　1994 年、1999 年、2004 年和 2009 年景观类型面积变化

景观类型	1994 年		1999 年		2004 年		2009 年	
	面积/km²	百分比/%	面积/km²	百分比/%	面积/km²	百分比/%	面积/km²	百分比/%
农田	62.99	28.64	82.12	37.34	114.50	52.05	116.14	52.83
水体	31.39	14.27	23.02	10.47	32.13	14.61	32.12	14.61
居民点	17.81	8.10	19.29	8.77	22.39	10.18	21.30	9.69
未利用地	70.91	32.24	57.12	25.98	7.66	3.48	3.76	1.71
芦苇沼泽	11.47	5.20	15.47	7.04	19.04	8.65	16.83	7.65
林地	25.40	11.55	22.88	10.40	24.27	11.03	29.69	13.51

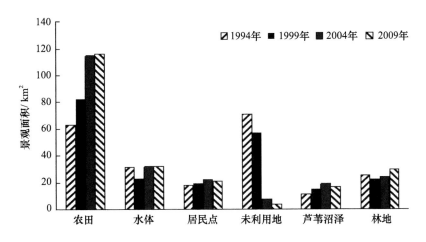

图 4-3 1994 年、1999 年、2004 年和 2009 年各景观类型变化趋势图

2000 年正式开始建立衡水湖湿地以及鸟类自然保护区,随着经济社会的发展,居民点的面积从 17.81 km^2,到 19.29 km^2,最后到 22.39 km^2,处于持续增长的状态。随着农田以及居民点的扩张,林地也在发生变化,1999 年林地减少到 22.88 km^2,2004 年增加到 24.27 km^2。由此可见,实施退耕还林政策取得了一定的成效,作为鸟类除芦苇沼泽外的重要栖息地,林地的恢复更增加了衡水湖的生态活力。

由表 4-4 和图 4-4 可知,1994—1999 年面积流转最明显的是未利用地与农田之间,共计 26.99 km^2,占流转面积的 63.8%;农田的增加大多来自未利用地和林地的转换,流转到未利用地 7.62 km^2 和林地 5.55 km^2;林地的转换主要集中在农田和未利用地,其中 4.52 km^2 转换为农田,9.65 km^2 转换为未利用地,可见林地的减少与周围人类活动关系密切,耕地仍在侵占林地。由于 1994 年衡水湖水量不足,造成大量的土地裸露,因此未利用地在这 5 a 中大多流转到了 7.90 km^2 的水体中,说明引黄前期水量仍不稳定,各类型转换较为频繁。1999—2004 年,未利用地、林地的转换是这一段时间的主旋律,有 10.76 km^2 的林地以及 30.68 km^2 的未利用地转换为农田;未利用地的转换不仅集中在农田,还有 6.56 km^2 的土地转换为水体以及 7.13 km^2 的土地转换为林地,仅有 4.36 km^2 的未利用地没有变化,占 1999 年未利用地总面积的 7.6%,其余类型的相互转换占比较小。这说明 5 a 中大多为未利用地转出,景观格局正逐步稳定。

表 4-4　1994—2009 年各景观类型面积转移矩阵　　　　单位：km²

年份	景观类型	农田	水体	居民点	芦苇沼泽	林地	未利用地
1994—1999 年		48.87	0.04	0.68	0.14	5.55	7.62
1999—2004 年	农田	71.02	0.80	0.72	0.43	8.35	0.77
2004—2009 年		100.07	0.09	1.72	0.27	10.95	1.25
1994—1999 年		0.73	18.05	0.32	2.90	1.54	7.83
1999—2004 年	水体	0.09	20.18	0.44	1.79	0.28	0.25
2004—2009 年		0.79	26.79	0.47	2.44	1.54	0.08
1994—1999 年		0.33	0.60	13.20	0.18	0.74	2.74
1999—2004 年	居民点	1.38	0.54	15.61	0.41	0.92	0.42
2004—2009 年		0.78	0.42	16.97	0.43	3.54	0.21
1994—1999 年		0.63	2.38	0.07	7.07	0.63	0.68
1999—2004 年	芦苇沼泽	0.44	2.45	0.19	11.36	0.96	0.08
2004—2009 年		0.72	3.93	0.60	12.19	1.51	0.06
1994—1999 年		4.52	1.12	1.71	1.88	6.49	9.65
1999—2004 年	林地	10.76	1.60	0.94	1.16	6.62	1.79
2004—2009 年		10.88	0.67	1.10	1.15	9.95	0.51
1994—1999 年		26.99	0.83	3.30	3.30	7.90	28.56
1999—2004 年	未利用地	30.68	6.56	4.46	3.90	7.13	4.36
2004—2009 年		2.84	0.22	0.43	0.34	2.17	1.66

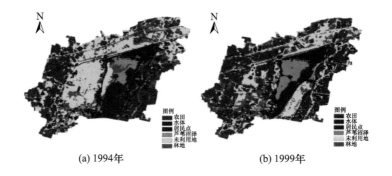

(a) 1994年　　　　　　(b) 1999年

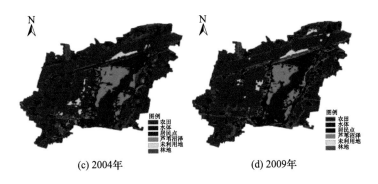

(c) 2004年　　　　　　　　　(d) 2009年

图 4-4　1994 年、1999 年、2004 年和 2009 年衡水湖土地利用分布图

2004—2009 年主要集中在林地与农田的相互转换，农田有 100.07 km² 的土地无明显变化，但有 10.95 km² 的农田转换为林地，这与 1999 年后开始大面积种植有关。未利用地总面积变小，仅向农田转换 2.84 km²，减轻了对景观格局的威胁程度。其余类型在此阶段转换较少，景观格局基本稳定。

根据表 4-4 分析得出，种植结构改变及 1996 年撤地建市进行退耕还林，在加大林地种植的情况下，未利用地与农田、林地的相互转换为最主要的部分，水体在 1994—1999 年变化较为频繁，可见引黄初期各类型变化不稳定。1999 年后成立鸟类自然保护区，景观格局逐渐稳定，以芦苇为代表的水生植物大量种植，各类型之间的相互转换面积减小。

4.2.3　衡水湖近年来各景观类型面积变化

由图 4-5 和表 4-5 可知，从 2009 年开始农田面积处于下降的趋势，农田景观面积从 116.14 km² 下降到 106.01 km²，但农田仍是景观的基础基质。水体呈现上升的趋势，从 32.12 km² 上升到 35.90 km²，并在 2019 年面积达到最大值，这与生态补水的方式从冬季补水变化为不定期补水有关，因此夏季水量稳步增加。在这 10 a 城镇化发展的背景下，由于滨湖新区的建立以及"十二五"规划的实施，居民点面积从 21.30 km² 增长到 33.54 km²，并在 2019 年达到最大值 35.71 km²，占比达到 16.24%，与水体占比基本持平。水量的增加以及对芦苇为代表的水生植物的收割，造成了芦苇沼泽面积的缩小，从 2009 年的 16.83 km² 下降到 2014 年的 13.30 km²，再下降到 2019 年的 12.83 km²。林地在 10 a 中处于下降的趋势，与居民点的增加呈负相关，从 29.69 km² 下降到 25.61 km²，再到 2019 年的 21.18 km²。尽管林地、农田以及芦苇沼泽都能作为鸟类的栖息地，但由于近年的发展中居民点占主导地位，因此造成了鸟类生境减少。

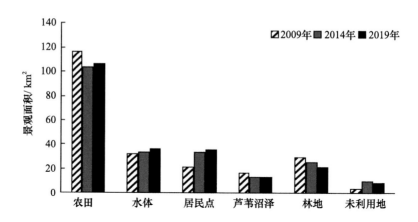

图 4-5　2009 年、2014 年和 2019 年各景观类型变化趋势图

表 4-5　2009 年、2014 年和 2019 年景观类型面积变化

景观类型	2009 年		2014 年		2019 年	
	面积/km²	百分比/%	面积/km²	百分比/%	面积/km²	百分比/%
农田	116.14	52.83	103.77	47.20	106.01	48.21
水体	32.12	14.61	33.74	15.35	35.90	16.33
居民点	21.30	9.69	33.54	15.26	35.71	16.24
芦苇沼泽	16.83	7.65	13.30	6.05	12.83	5.83
林地	29.69	13.51	25.61	11.65	21.18	9.63
未利用地	3.76	1.71	9.88	4.49	8.27	3.76

　　由表 4-6 和图 4-6 可知,2009—2014 年以来,农田主要转换为林地 11.56 km²、未利用地 5.51 km² 以及居民点 4.72 km²。林地的转换面积也较大,主要转换为农田以及居民点,转换为农田 7.76 km²,占总转换面积的 41.7%,转换为居民点 6.73 km²,占总转换面积的 36.2%。居民点面积处于增长趋势且在这 5 a 中保持 18.95 km² 的面积,仅有 2.35 km² 流转到了其他类型中。其余景观类型共有 14.51 km² 的面积流向了居民点,变化较小。

　　2014—2019 年以来,农田的转换类型仍集中于居民点、林地以及未利用地,转换为林地 7.21 km²、未利用地 5.54 km² 以及居民点 3.16 km²。林地约 11.11 km² 的面积转换为农田、4.04 km² 转换为居民点,分别占转换总面积的 64.1%、23.3%。芦苇沼泽在 5 a 中的波动也较大,4.24 km² 转换为水体,占其转换总面积的 79.1%。水体流转到其他类型的面积较小,总面积处于增长的趋势,说明芦苇沼泽的减少引起了水量的增加。2014 年中未利用地共有 8.08 km² 的面积流转到其他类型中,且主要集中在农田以及林地。

根据表 4-6 和图 4-6 分析得出,景观面积流转主要源于沿湖农田的盐渍化、休耕政策以及农田种植结构的改变,人口生产总值持续增长,致使农田与林地被占据用于开发。挺水植物吸收磷等物质,因此近年来采用收割的方式,以达到净化水质的目的,这造成了芦苇沼泽面积的减少,且随着生态补水从冬季补水逐渐变为不定期补水,水量变大,导致浅水区芦苇沼泽面积逐渐减少。

表 4-6　2009—2019 年各景观类型面积转移矩阵　　　　　单位:km²

年份	景观类型	农田	水体	居民点	芦苇沼泽	林地	未利用地
2009—2014 年	农田	93.55	0.35	4.72	0.31	11.56	5.51
2014—2019 年		86.78	0.44	3.16	0.56	7.21	5.54
2009—2014 年	水体	0.27	28.86	1.08	1.26	0.41	0.23
2014—2019 年		0.43	29.86	0.81	1.89	0.70	0.04
2009—2014 年	居民点	0.49	0.26	18.95	0.15	1.11	0.34
2014—2019 年		3.19	0.50	26.18	1.14	2.15	0.31
2009—2014 年	芦苇沼泽	0.60	2.96	1.19	10.8	1.05	0.21
2014—2019 年		0.36	4.24	0.27	7.94	0.47	0.02
2009—2014 年	林地	7.76	1.22	6.73	0.70	11.01	2.20
2014—2019 年		11.11	0.58	4.04	1.04	8.26	0.57
2009—2014 年	未利用地	1.01	0.06	0.79	0.06	0.46	1.38
2014—2019 年		4.00	0.27	1.20	0.24	2.37	1.78

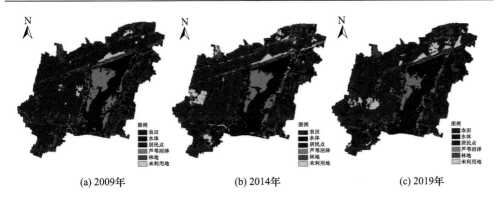

(a) 2009年　　　　　　(b) 2014年　　　　　　(c) 2019年

图 4-6　2009 年、2014 年和 2019 年衡水湖土地利用分布图

4.3 衡水湖单一动态变化幅度分析

本节利用单一动态度分析衡水湖各景观类型 1984—2019 年变化幅度,定量研究各时期景观类型变化的剧烈程度。

4.3.1 衡水湖引黄前面积变化幅度分析

(1)1984—1989 年变化幅度最大的景观类型为水体,以年平均 23.06% 的幅度增长,变化程度最为剧烈。居民点以年平均 2.23% 的幅度增加,未利用地以年平均 8.22% 的幅度减少,而林地以年平均 4.22% 的幅度减少。农田的变化幅度最小,以年平均 0.22% 的幅度增加,其他土地的变化不明显。由于水体的干涸,1984—1989 年芦苇沼泽没有变化,如图 4-7 所示。

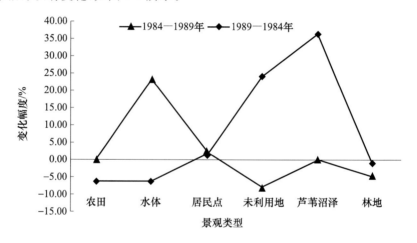

图 4-7　1984—1994 年单一动态度变化趋势图

(2)1989—1994 年变化幅度最大的景观类型为未利用地与芦苇沼泽,分别以年平均 23.60% 与年平均 36.23% 的幅度增加。减少幅度较为明显的景观类型为农田以及水体,分别以年平均 6.36% 以及年平均 6.55% 的幅度下降。与 1984—1989 年相比,农田与水体均出现下降趋势,其余类型变化幅度较小。

4.3.2 衡水湖引黄初期面积变化幅度分析

(1)衡水湖在 1994—1999 年、1999—2004 年和 2004—2009 年各景观类型的面积变化幅度如图 4-8 所示。1994—1999 年变化幅度最大的景观类型为芦苇沼泽,以年平均 6.97% 的幅度增加,该时间段衡水湖湿地的生态系统在逐渐恢复。农田与水体的变化幅度相当,农田以年平均 6.07% 的幅度增加,而水体则以年平均 5.33% 的幅度减少。未利用地以年平均3.89%的幅度减少,居民点以及林地的变化幅度较小,分别以年平均1.66%的幅度增加以及年平均1.98%的幅度减少。

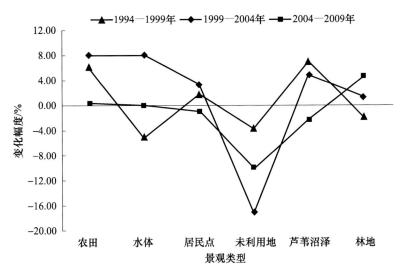

图4-8　1994—2009年单一动态度变化趋势图

(2)1999—2004年的变化中,除了未利用地以外的景观类型都处于增长趋势。未利用地以年平均17.32%的幅度减少,农田与水体的变化幅度相差较小,分别以年平均7.89%以及年平均7.91%的幅度增长,居民点以年平均3.21%的幅度增长,芦苇沼泽以年平均4.62%的幅度增长,林地的增长幅度最小,保持在年平均1.22%的幅度增长,这5 a整体变化程度比1994—1999年要剧烈。

(3)2004—2009年的整体变化幅度最小,农田、水体以及居民点变化幅度不大,仅未利用地的变化最为明显,以年平均10.18%的幅度减小,而芦苇沼泽以年平均2.32%的幅度减小,林地以年平均4.47%的幅度增加。对比这15 a的变化发现,1999年以后对于衡水湖湿地的治理效果最为明显,1999—2004年的变化较为剧烈,而2004—2009年的变化幅度变得较小,倾向于稳定的状态,没有某一景观类型的突变,均处于稳步上升或下降的过程。

4.3.3　衡水湖近年来面积变化幅度分析

(1)2009—2014年,居民点以及未利用地的变化幅度最大,分别以年平均11.49%的幅度减少以及年平均32.50%的幅度增加。而芦苇沼泽变化较小,以年平均4.19%的幅度增加,这与引黄前期天然湿地快速增长的状态形成对比。其余类型中农田、水体以及林地的变化较为缓和。

(2)2014—2019年整体的变化较为平缓,变化幅度最大的类型为林地以及未利用地,但仅保持年平均 3.46% 以及 3.26% 的幅度增大。其次,变化幅度较小的还有水体以及居民点,分别以年平均 1.28% 以及 1.29% 的幅度减小。其余两个类型的变化微乎其微。整体上,各类型变化程度较小,没有明显的峰值,如图 4-9 所示。

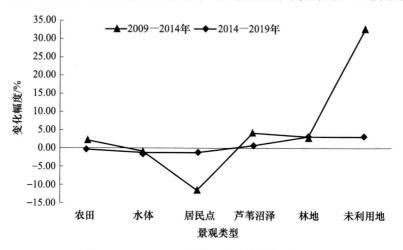

图 4-9　2009—2019 年单一动态度变化趋势图

4.4　各时期的对比分析

　　农田面积在引黄前下降,引黄初期上升,近年来则处于下降状态。未利用地面积在引黄前先上升后下降,引黄初期呈现明显下降趋势,而近年来又出现波动。由于引黄前衡水湖围湖造田,加上土地盐碱化程度较重,严重影响湖区周边的种植结构,对比发现两种景观类型均在引黄初期变化量较大,变化程度更剧烈,说明引黄初期湖区周边的治理力度较大,农田恢复较快。居民点面积在 35 a 中一直处于上升状态,将三个阶段进行对比分析,近年来的居民点增长最显著,变化幅度最大,说明近年来处于高速发展时期,外围保护带的兴起增加了一定规模的建设用地。林地面积在引黄前呈下降趋势,到 1999 年后呈现上升状态,但近年来又呈现下降趋势,由于1999 年后治理力度加大,开始施行植树造林,因此该阶段的林地增加量与变化幅度最大。水体面积在引黄前上下波动较大,引黄前期先下降后上升,近年来呈现持续增长的趋势,对比发现引黄前由于水量供给不稳定,变化量最大,引黄初期水量供给虽仍不稳定,但与其他时期相比下降量较小,说明引黄对维持湖区水域稳定有一定的保障作用。而芦苇沼泽面积在引黄前后均保持持续增长状态,近年来有所下降,对比发现引黄初期芦苇沼泽增长量最大,应为湖区生态恢复的关键时期,近年来由于水量增长,水生植物的收割造成芦苇沼泽萎缩,但与引黄初期对比变化量较小。

4.5　衡水湖综合动态变化幅度分析

通过综合动态度的分析,了解该研究区域不同时间段(引黄前、引黄初期以及近年来)整体变化的剧烈程度,对比分析出这三个时间段的变化特征。由图4-10可知,1984—2019年将近35 a的景观类型变化幅度呈现整体下降的趋势。

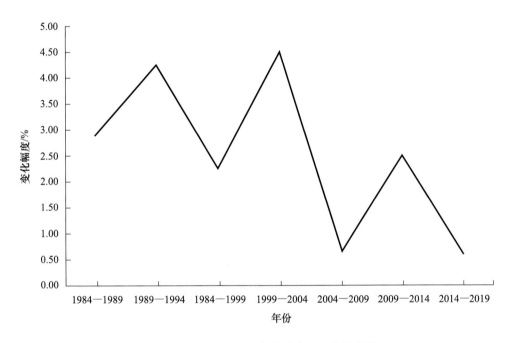

图 4-10　1984—2019 年综合动态度变化趋势图

引黄前变化较为剧烈,1984 年以年平均 2.89% 的幅度变化,到 1989—1994 年开始上升,以年平均 4.24% 的幅度变化,该段时间的水量不稳定,湖区、周围土地流转变化较大。引黄初期景观类型的上下波动最为强烈,1999—2004 年保持 4.50% 的幅度,该时间段生态快速发展,未利用地面积大量转出,景观逐渐稳定,2004—2009 年变化最缓和,以年平均 0.65% 的幅度变化,峰值只差 3.85%。近年来的景观类型变化幅度有了明显的下降,最高也仅为 2.53%,说明近年的景观类型没有明显变化,开始趋向于稳定,但仍有突变是由于城镇化加强以及自然保护区功能区区域的改变所导致的。对比分析可知,引黄前以及引黄初期的波动剧烈,2004 年才开始趋向于缓和,并发现三个峰值点均发生在政策集中实施的时间段,说明政策实施对各景观类型面积的变化影响较大。

4.6　小结

　　本章旨在通过分析引黄前后三个重要时期景观面积的动态变化，探究各景观类型的变化规律，为景观指数分析奠定基础。引黄前变化因子较多且变化不稳定，各景观类型面积的转换频繁，衡水湖生态环境未恢复。随着引黄入冀、退耕还林、建立自然保护区等措施的实施，引黄初期的水体、未利用地变化较为剧烈，但各类型均在1999年后发生较大转折，景观面积变化逐渐趋向于稳定，治理效果明显。近年来的面积变化更趋于稳定，但随着休耕、经济开始高速发展，居民点面积上升，变化幅度较大，未利用地面积处于上下波动状态，成为威胁景观稳定的主要因素。

第5章

▶▶▶

衡水湖景观指数时空变化分析

景观指数是研究景观格局演变的又一常量化指标[62],主要借助 Fragstats 与 ArcGIS 软件中的移动窗口法,将选取的景观指数空间化,更直观地描述景观空间的异质性变化[63,64]。景观面积的改变会造成类型、斑块结构和布局的改变,因此时间段划分应与景观面积同步,从时间以及空间两个层面对景观指数进行分析,了解衡水湖完整的景观格局演变特征和更迭变化规律,探寻不同驱动因子[65,66]。

5.1 分析方法

5.1.1 筛选景观指数

除了从景观面积角度分析景观格局的变化外,还可以根据景观斑块的结构与布局变化分析,而景观指数为斑块变化的主要表现形式,在此基础上结合历年的土地利用现状图,对研究区的土地资源利用状况进行评价。景观指数分为斑块、类型和景观特征三个层次。斑块是单个个体指标,类型就是多个斑块加在一起的景观类型,景观就是全部类型整合成的一个整体,三个尺度实质上就是部分与整体的区别。本章以土地利用分类图为基础,仅从类型以及景观两个层次选取景观指数,斑块类型中选择 NP(斑块数量)、PD(斑块密度)、LPI(最大斑块指数)、LSI(最大形状指数)、PAFRAC(周长－面积分维数)五个指标,景观类型中选择 CONTAG(蔓延度)、SHDI(景观多样性指数)、AI(聚集度指数)、SHEI(景观均匀性指数)四个指标。根据每个景观指数的生态意义以及具体的应用实例选取,具体选取的景观指数以及指标的生态意义如表 5-1 所示。

表 5-1　景观指数选取

景观指数	公式	生态意义
斑块数量 （NP）	斑块数量 $=n$ n 为斑块总数量	NP 表示斑块总数量与破碎度呈正相关。在数值方面，其数值越大，破碎度越大，常用于描述景观异质性
斑块密度 （PD）	斑块密度 $=\dfrac{n_i}{A}\times10000\times100$ n_i 为某一景观类型的斑块数量，A 为该区域的总面积	PD 与斑块数量均表示破碎度的变化，不同之处在于斑块密度为单位面积下的数量，因此与斑块数量也呈现一定的相关性。其数值越大，景观异质性越大，空间分布越复杂
最大斑块指数 （LPI）	最大斑块指数 $=\dfrac{a_n}{A}\times100$ a_n 为 n 类型景观的最大面积，A 为该区域的总面积	LPI 表示最大斑块占景观总体的百分比，反映该类型的优势程度及丰富度，且取值在 0～100
最大形状指数 （LSI）	最大形状指数 $=\dfrac{E}{E_{\min}}$ E 为该景观类型的边缘长度	LSI 主要表示斑块的边缘密度及长度情况，反映斑块的离散程度与斑块数量呈正相关。其数值大于等于 1，数值越大，形状越复杂，离散程度越高；数值越小，土地类型自然度越高
周长－面积分维数 （PAFRAC）	周长－面积分维数 $=\dfrac{2}{\dfrac{\left[n_{ij}\sum_{j=1}^{\eta}(\ln p_{ij}-\ln a_{ij})\right]-\left(\sum_{j=1}^{\eta}p_{ij}\right)\left(\sum_{j=1}^{\eta}a_{ij}\right)}{\left(n_i\sum_{j=1}^{\eta}\ln p_{ij}2\right)-\left(\sum_{j=1}^{\eta}p_{ij}\right)2}}$ n_{ij} 为斑块数量，a_{ij} 为斑块面积，p_{ij} 为斑块周长	PAFRAC 表示斑块的复杂程度，表示景观受人为活动的干扰程度。其数值在 1～2，数值越大，形状越复杂，人为干扰越大；数值越小，斑块越有规律

续表

景观指数	公式	生态意义
蔓延度 （CONTAG）	$$蔓延度=\left[1+\dfrac{\sum\limits_{i=1}^{m}\sum\limits_{k=1}^{m}\left[p_i\left(\dfrac{g_{ik}}{\sum\limits_{k=1}^{m}g_{ik}}\right)\right]\left[\ln p_i\left(\dfrac{g_{ik}}{\sum\limits_{k=1}^{m}g_{ik}}\right)\right]}{2\ln m}\right]\times100$$ p_i 为 i 类型斑块所占百分比，m 为斑块总数目，g_{ik} 为 i 类型斑块与 k 类型斑块的毗邻数目	CONTAG 的数值在 0～100，数值越小，表示小斑块越多，连通度较低，数值越大，表示整体的连通度较高
景观多样性指数 （SHDI）	$$景观多样性指数=-\sum_{i=1}^{m}(P_i\ln P_i)$$ P_i 为景观类型 i 面积所占比例，m 为景观类型的总数量	SHDI 是基于信息理论表示空间上不同景观类型分布的均衡性的度量。其数值范围大于等于0，数值越高说明土地利用越丰富，各类型更趋向于均衡化
聚集度指数 （AI）	$$聚集度指数=\left[\sum_{i=1}^{m}\left(\dfrac{g_{ij}}{g_{ij}\max}\right)p_i\right]\times100$$ g_{ij} 为某个类型的 i 和 j 像元之间基于单倍法的节点数	AI 主要表示斑块的聚集程度，可以应用于斑块和景观两个层次，数值范围在 0～100，数值越大，表示各斑块的聚集性越高，破碎度越小
景观均匀性指数 （SHEI）	$$景观均匀性指数=\dfrac{-\sum_{i=1}^{m}(P_i\ln P_i)}{\ln m}$$ P_i 为景观类型 i 面积所占比例，m 为景观类型的总数量	SHEI 主要表示整体斑块空间分布的均匀程度。其数值范围在 0～1，数值越小，说明由单一斑块组成，数值越大，说明没有景观优势，斑块较为均匀

5.1.2　最大移动窗口法

为了更好地分析衡水湖的空间格局变化，在运用标准方式分析景观指数的基础上，运用基于景观尺度的最大移动窗口法。移动窗口法一般都会选择方形作为移动窗口形状单元，同时还应选择适合的窗口尺度大小，一般窗口的大小是栅格数据分辨率的倍数，因此根据此图像的分辨率及实际研究区域的大小，窗口大小分别为

60 m、90 m、120 m、150 m 以及 200 m,进行统一调试。由于移动窗口法对窗口尺度要求较高,在实际中需要多用几个尺度进行计算,得到效果最为明显的窗口尺度为120 m。将计算出的景观指数栅格图像加载到 ArcGIS 中,全部图像运用空间分析工具中地理代数的栅格计算器去除多余属性值。由于景观指数存在一定的重复性,因此筛选后得到的景观指数图像应在 ArcGIS 的数据管理工具中,将栅格数据集镶嵌到新栅格,进行叠加,得到能反映综合指数的空间分布特征图[67,68]。

5.2 衡水湖景观指数演变分析

本研究主要应用软件 Fragstats 5.3,计算出 NP、PD、LPI、LSI、PAFRAC、SHEI以及 SHDI 等指数,其中斑块数量、密度变化趋势一致,因此进行统一分析,具体见表 5-2~表 5-4,分析了景观指数的分布特征,反映了衡水湖景观的异质性。

5.2.1 基于类型水平的景观格局变化

5.2.1.1 衡水湖引黄前景观指数分析

如表 5-2 所示,对 NP、PD 数值进行分析,在 1984—1994 年这 10 a 的农田斑块数量不断增加,斑块数量由 285 个增加到 315 个,再到 455 个,农田破碎度增大。林地属于分布较为分散的类型,因此斑块数量普遍较多,但在这 10 a 中,林地面积的减小与斑块数量变化成正比。水体及芦苇沼泽与湿地生态联系最为紧密,水体的斑块数量从 339 个下降到 213 个,又下降到 147 个,破碎度减小,这与水体面积增加,水体向聚集化发展,导致离散程度减小有关;而芦苇沼泽 1984 年处于干涸的状态,1989—1994 年芦苇斑块数量和密度均增加,由于天然湿地处于恢复状态,因此景观面积上升、斑块数量也上升,斑块趋向于复杂。

分析 LPI 数值的变化,如表 5-2 所示。未利用地与水体 LPI 数值变化最大,1984年未利用地的数值为 5.573%,而到 1989 年,湖区充满水,水体 LPI 数值为 9.894%,到 1994 年,未利用地和水体的 LPI 数值相差较小,未利用地都占据较大的比例,具有一定的景观优势度。而农田作为基础基质,LPI 数值处于先上升后下降的状态,芦苇沼泽的 LPI 数值随着面积的增加呈现上升状态。

PAFRAC 数值的变化如表 5-2 所示。林地与未利用地的 PAFRAC 数值一直处于较高的水平,人类干扰程度较小,复杂度较高,但林地的 PAFRAC 数值处于先上升后下降的趋势,说明耕地侵占林地,人类干扰程度增强,林地离散度增加。水体的PAFRAC 数值虽然在 1994 年有上升的趋势,但其长期呈现下降趋势,说明水量增大,斑块趋向规律化。芦苇沼泽 PAFRAC 数值增加,这是由于天然湿地经历干涸,正处于恢复的状态,环境治理较为频繁,人类干扰度加强。

AI数值的变化如表5-2所示。水体的聚集度指数呈现先上升后下降的状态,说明随着水量的增加,斑块呈现聚集的状态;由于1994年天然湿地出现干涸,因此水体聚集度下降,但其在10 a中整体处于上升状态。农田的聚集度指数一直居高,但在1994年出现明显的下降趋势。芦苇沼泽随着面积的增加,聚集度指数处于增加的状态。未利用地聚集度指数的波动一直较大,先下降到88.721,而后上升到91.843,处于不稳定的状态。

表5-2　1984年、1989年和1994年景观指数变化

年份	景观类型	斑块数量/个	斑块密度/（个/km²）	最大斑块指数/%	周长－面积分维数	聚集度指数
1984年	林地	1392	3.566	0.670	1.353	81.743
	农田	285	0.730	2.229	1.244	94.263
	水体	339	0.869	2.959	1.367	90.301
	未利用地	719	1.842	5.573	1.286	92.382
	居民点	142	0.364	0.391	1.206	89.943
1989年	林地	1202	3.080	2.233	1.366	81.872
	农田	315	0.807	2.950	1.280	94.111
	水体	213	0.546	9.894	1.341	95.915
	未利用地	766	1.963	2.137	1.259	88.721
	居民点	189	0.687	0.562	1.202	90.402
	芦苇沼泽	125	0.320	0.336	1.259	87.983
1994年	林地	1060	2.716	0.417	1.333	83.565
	农田	455	1.166	2.078	1.267	92.565
	水体	147	0.377	6.817	1.358	94.833
	未利用地	650	1.666	6.020	1.319	91.843
	居民点	205	0.525	0.648	1.228	87.730
	芦苇沼泽	315	0.807	1.863	1.285	88.667

结合引黄前各景观面积综合分析得出,"围湖造田"以及"引卫入千"的实施,造成湖区面积变化量较大,造成湖区水体聚集度增加,景观优势度上升,湖区开始进行有序的人为治理,但沼泽的恢复增加了破碎化程度。由于湖区干涸后的西湖

土壤盐碱化严重,导致未利用地与其他各类的频繁转换,湖区周围景观破碎度较大、人类活动频繁,呈现上下波动极其不稳定的状态,未利用地的景观优势度较高。

5.2.1.2 衡水湖引黄初期景观指数分析

如表 5-3 所示,基于 NP 和 PD 数值的变化分析得出,在引黄初期,1994—2004年水体斑块数量一直在增加,破碎度加重,2004 年后下降,说明湖区水量不稳定,破坏聚集形态,小斑块增多,密度增加。农田则随着面积的增加,斑块数量减少,离散度减小,斑块形状单一化,均为斑块较大的聚集形态。林地的斑块密度与数量在1994—1999 年呈现增长的趋势,而在 1999—2009 年 10 a 林地斑块数量处于下降的趋势,这与林地在 1999 年后开始大面积种植有紧密联系。芦苇沼泽的斑块数量在1994—1999 年处于下降的趋势,在 1999 年后增长明显,这是由于天然湿地恢复,芦苇等植物种植增多,斑块数量增加,破碎化程度加强。

分析 LPI 数值的变化,如表 5-3 所示。农田和水体的 LPI 数值一直较大,且农田呈现增长的趋势,2004 年增长幅度变大,2009 年达到最大值 9.903%,与未利用地的关系密切。未利用地 2004 年 LPI 数值下降到 0.611%,使农田成为景观优势度最大的景观类型。水体 LPI 数值前期不稳定,在 1999 年下降到 4.823%,在 1999 年后上升明显。芦苇沼泽随着衡水湖生态的逐步修复以及水量的稳定补给,最大斑块指数呈现上升的趋势,具有一定的景观优势度。

PAFRAC 数值的变化如表 5-3 所示。林地与芦苇沼泽 PAFRAC 数值的变化趋势一致,呈现先下降后上升的趋势,且重要的变化节点均在 1999 年,这与 1999 年冀州小湖缺水并实施植树造林有关,植树造林增加了人为干扰程度,斑块复杂程度加重。未利用地的 PAFRAC 数值呈现下降趋势,未利用地引黄前分布较离散,随着转换面积的增加,逐渐趋于统一,斑块更倾向于简单化。农田则与未利用地变化趋势相反,但都在 1999 年后变化剧烈,2004 年农田 PAFRAC 数值上升到 1.309,农田的大量种植说明人类活动逐渐增强。

AI 数值的变化如表 5-3 所示。农田聚集度指数逐年增加,与面积呈正相关。未利用地的变化较为丰富,聚集度指数呈现先下降后上升的趋势,由于 2004 年未利用地面积急剧下降,消除了小斑块的影响,引起聚集度指数上升。水体与芦苇沼泽聚集度指数增加,破碎度减小,说明湖区天然湿地在 1999 年后各景观类型面积逐渐趋于稳定,但湖区水体开发,用于发展渔业、开发苇沟区,使得 2009 年芦苇沼泽聚集度指数下降至 87.640。居民点聚集度指数呈现逐年增长的趋势,但增长幅度较小,聚集形态在引黄初期基本不变。

总体而言,引黄初期各类型的景观指数均在 1999 年后出现较大转折,这与第 3章描述的面积变化趋势相吻合。1994—1999 年引水量不稳定,未利用地依旧占据主导地位,农田、未利用地以及水体的破碎度较高,斑块形状复杂度高。随着自然保护区的建立、退耕还林等政策的实施,各类型的聚集度增加,农田的景观优势度显现,水体、芦苇沼泽成片化发展,但沼泽因人工治理离散度变高。

表 5-3　1994 年、1999 年、2004 年和 2009 年景观指数变化

年份	景观类型	斑块数量/个	斑块密度/(个/km²)	最大斑块指数/%	周长—面积分维数	聚集度指数
1994 年	林地	1060	2.716	0.417	1.333	83.565
	农田	455	1.166	2.078	1.267	92.565
	水体	147	0.377	6.817	1.358	94.833
	未利用地	650	1.666	6.020	1.318	91.843
	居民点	205	0.525	0.648	1.228	87.730
	芦苇沼泽	315	0.807	1.863	1.285	88.667
1999 年	林地	1484	3.802	0.332	1.317	80.468
	农田	372	0.953	2.150	1.268	93.587
	水体	155	0.397	4.823	1.278	94.860
	未利用地	829	2.124	5.704	1.316	87.100
	居民点	248	0.380	0.512	1.253	87.823
	芦苇沼泽	282	0.723	1.953	1.250	93.322
2004 年	林地	1007	2.580	0.499	1.319	83.868
	农田	230	0.590	9.236	1.309	96.080
	水体	258	0.661	6.354	1.331	92.060
	未利用地	82	0.210	0.611	1.250	87.539
	居民点	235	0.858	0.489	1.254	87.891
	芦苇沼泽	550	1.409	2.864	1.283	92.983
2009 年	林地	950	2.434	0.518	1.348	83.419
	农田	177	0.454	9.903	1.307	96.086
	水体	198	0.507	6.747	1.262	94.364
	未利用地	101	0.259	0.395	1.219	88.886
	居民点	252	0.646	0.498	1.255	87.950
	芦苇沼泽	527	1.350	2.406	1.330	87.640

5.2.1.3 衡水湖近年来景观指数分析

分析 NP 和 PD 数值的变化,如表 5-4 所示。从 2009—2019 年的景观指数分析衡水湖近年来的变化趋势,林地的斑块数量一直居高,但近年处于下降趋势,破碎度减小。芦苇沼泽的斑块数量较多,且在 10 a 中处于上升状态,并在 2019 年达到 561 个,破碎化加重,离散度增加,边缘形状更加复杂。农田的斑块数量处于上升的趋势,从 177 个增加到 255 个,最后达到 297 个,破碎度一直在上升。居民点的斑块数量也随着城乡规划处于上升趋势,空间分布逐渐复杂化。

分析 LPI 数值的变化,如表 5-4 所示。农田以及水体的最大斑块占比较大,农田的 LPI 数值从 9.903% 上升到 15.720%,最后到 18.157%,景观优势度逐渐上升,对整体景观发展起到一定主导作用。水体 LPI 数值也保持持续上升的趋势,2019 年上升到 7.667%。芦苇沼泽的 LPI 数值则与水体相反,呈现出下降趋势,但与面积增长程度呈正相关,芦苇沼泽与农田都是衡水湖的重要基质。10 a 中,上升幅度最大的是居民点,LPI 数值从 0.498% 到 1.793%,最后上升到 3.100%,优势度逐渐加强,增强了对衡水湖的影响程度。

表 5-4   2009 年、2014 年和 2019 年景观指数变化

年份	景观类型	斑块数量/个	斑块密度/（个/km²）	最大斑块指数/%	周长—面积分维数	聚集度指数
2009 年	农田	177	0.454	9.903	1.307	96.086
	林地	950	2.434	0.518	1.348	83.419
	居民点	252	0.646	0.498	1.255	87.950
	未利用地	101	0.259	0.395	1.219	88.886
	芦苇沼泽	527	1.350	2.406	1.330	87.640
	水体	198	0.507	6.747	1.262	94.364
2014 年	农田	255	0.653	15.720	1.281	95.506
	林地	706	1.809	0.490	1.304	81.383
	居民点	351	0.785	1.793	1.262	88.571
	未利用地	184	0.471	0.733	1.278	87.786
	芦苇沼泽	536	1.364	1.583	1.325	85.530
	水体	163	0.418	6.815	1.256	95.111

年份	景观类型	斑块数量/个	斑块密度/（个/km²）	最大斑块指数/%	周长－面积分维数	聚集度指数
	农田	297	0.761	18.157	1.264	95.316
	林地	682	1.798	0.310	1.281	82.031
2019 年	居民点	391	0.585	3.100	1.250	88.725
	未利用地	58	0.149	0.484	1.215	91.898
	芦苇沼泽	561	1.463	1.560	1.304	84.242
	水体	152	0.401	7.667	1.244	95.564

分析 PAFRAC 数值的变化，如表 5-4 所示。林地的 PAFRAC 数值保持下降状态，从 1.348 到 1.304，最后下降到 1.281，说明 10 a 的人类活动加剧，生态公园以及绿化开发受干扰的幅度逐渐变大。居民点的 PAFRAC 数值一直较高，更是处于上升状态，说明近年来衡水湖周边商业发展迅速，为有序扩张。芦苇沼泽的 PAFRAC 数值处于上升状态，斑块逐渐复杂化，人类活动影响加剧。

对于 AI 数值的变化，根据表 5-4 可知，水体与农田的聚集度指数最高，且与面积成正比，但农田在 10 a 中呈现下降趋势，而水体则呈现上升趋势，说明农田开发程度逐渐变大，而水体面积增加，聚集程度变大。林地和居民点在三个时期的聚集度指数均处于上升的趋势，趋向于成片化发展。芦苇沼泽随着面积的减少，聚集度指数呈现下降趋势。

总体而言，近年来随着居民点面积增大，斑块数量增加，呈现集中化发展的趋势。农田近年来面积变化较小，斑块趋向于规则化，连通性高，但人为干扰度增大，主要源于人类开发以及休耕政策引起未利用地的增加，破碎程度增大。林地斑块数量较多，但聚集度指数保持稳定上升，人工林以及经济林的集中种植起到了良好的作用。补水量的增加以及水生植物的收割，导致沼泽湿地景观优势降低，受人为干扰程度增强，破碎度增加。

5.2.2 衡水湖景观演变过程

根据景观水平指数的变化，分析衡水湖整体景观格局的演变过程，了解其景观异质性。最大形状指数的变化如图 5-1 所示，整体处于下降的趋势，说明景观斑块整体趋向于简单，在引黄前斑块居高且年际相差较小，1999 年 LSI 数值达到历史最高，为 22.28，整体离散度较高，但随着保护区的建立及政策的实施，LSI 出现明显下降趋势，并一直保持到 2019 年，离散度减小。蔓延度方面，由图 5-2 可知，CONTAG 数值的变化波动较大,引黄前呈现先上升后下降的趋势,说明连通度不稳定,可能与水面以及芦苇沼泽的聚集变化有密切联系。由于引黄前期治理效果明显,CONTAG数值处于上升状态,并在 2009 年达到最大,为 59.38,但近年来却处于下降的趋势,各类型的连通度减小。结合景观面积与指数分析得出,近年来居民点与芦苇沼泽面积变化较多,破碎度加重。

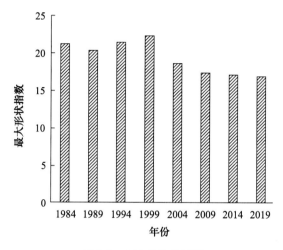

图 5-1 LSI 变化趋势图

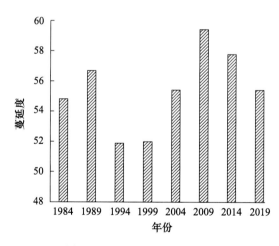

图 5-2 CONTAG 变化趋势图

景观多样性指数以及景观均匀性指数方面,由图 5-3 可知,二者变化趋势基本一致,呈正相关,在引黄前多样性与均匀性处于上升趋势,且达到历史最高(1.60),景观异质性保持增强状态,土地利用较为丰富。在引黄前期两个指数均出现明显的下降趋势,景观类型分布更均匀,变化更稳定。但在近年来斑块的多样性与均匀性呈现上升趋势,更加趋向于多元发展,这与近年来城乡的快速发展有一定联系。聚集度指数方面,由图 5-4 可知,AI 整体呈现上升趋势,一定程度上与最大形状指数呈负相关,引黄前 AI 数值一直较低且不稳定,1999 年后至今保持上升趋势,各景观类型的聚集度增加。

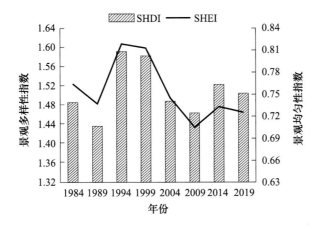

图 5-3　SHEI 和 SHDI 变化趋势图

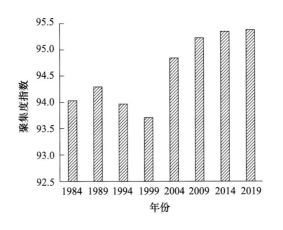

图 5-4　AI 变化趋势图

总体分析,景观水平指数在 1999 年后出现明显的上升或下降,因此 1999 年为景观演变的重要时期,这与 1999 年后水体面积增加、建立自然保护区及加大种植林地的强度有关,说明衡水湖的治理效果明显,整体上各类型间的连通度增大,空间土地利用更加规律化,斑块形状趋于规则、简单,景观格局趋于稳定。但连通度与多样性在 2014—2019 年出现异常变化,这与经济发展造成土地开发强度增大有关。

5.3　基于移动窗口法的景观指数空间分析

5.3.1　筛选景观指数

空间分析主要是针对景观水平指数进行的分析,由于各指数间具有较强的相关性,利用主成分分析在相关性较强的因子中提取线性相关较差因子的原理,对选取的指数进行主成分提取[69]。如表 5-5 所示,特征根大于 1 的只有 1 个,且累计贡献率为 81.308%,因此提取出 1 个主成分,见表 5-6,并在其中得到较大提取占比的 3 个指数:AI、LSI 及 SHEI,对这 3 个指数的空间分布图在 ArcGIS 中进行空间叠加得到综合指数空间分布。

表 5-5　提取第一主成分

成分	特征根	方差百分比/%	累计贡献率/%
1	4.065	81.308	81.308
2	0.633	12.663	93.971
3	0.301	6.025	99.997
4	0.000	0.003	100.000

表 5-6　景观指数成分矩阵

指标	1
LSI	0.904
CONTAG	−0.801
SHDI	0.840
SHEI	0.907
AI	−0.953

5.3.2　景观指数空间分析

为更好地探求衡水湖自然保护区景观破碎化的空间分布格局,利用软件 Fragstats 4.3 中的移动窗口法,将景观指数进行空间可视化,处理结果如图 5-5～图 5-7 所示。数值越大说明景观连通性越高,具有景观优势,数值越小说明土地利用较为丰富,破碎度高,受人类活动影响越大[70]。指数的空间可视化便于更加直观地了解景观格局的演变过程以及变化的主要驱动因子。

在引黄前(1984—1994 年)这 10 a 中,1984 年景观指数高值区主要分布在西湖区的内部以及周边的农田和未利用地。由第3章可知,农田、未利用地面积增加,景观优势度较大。低值区的分布较为分散,基本遍布湖区四周。1984—1989年的湖区内部由于水量的补充以及芦苇沼泽的恢复,面积持续增长,湖区内的低值区转移到湖区上部,但整体上内部破碎度减小,四周的低值区整体变化不大,呈现向中央扩散的趋势。1994年的整体破碎化程度加重,低值区分布更加分散,向湖区的东北方向以及西南方向扩散。引黄前空间异质性较强的原因在于湖区周围各类型土地变化频繁,未利用地一直占有较大比例,水体面积波动较大,如图5-5所示。

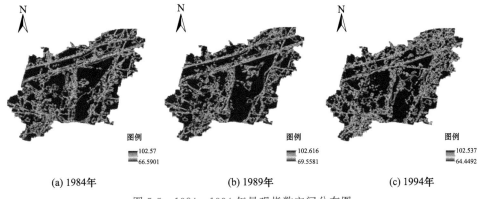

(a) 1984年　　　　　　　　(b) 1989年　　　　　　　　(c) 1994年

图 5-5　1984—1994 年景观指数空间分布图

1994—2009年这15 a,属于引黄初期以及生态治理力度最大的时期。1994—1999年的破碎度愈演愈烈,由于引黄的实施,湖区内部逐渐平稳,但整体破碎度加重,低值区向四周扩散,向保护区的南部以及中部转移,低值区的数值减小,高值区的面积也在减小。到2004年低值区主要分布在湖区沿线岸边的沼泽、林地以及水体的衔接区域,整体破碎化程度明显减轻,高值区的面积增加,湖区的北部以及西部成片化发展,聚集度增加。2009年高值区变化不明显,仍具有良好的连通性,湖区东北部的低值区程度减轻,但由于渔业的发展以及周围城镇化建设,岸线受人为干扰程度加重。引黄初期的变化整体在1999年后趋向于稳定,其原因在于农田大面积种植呈现成片化发展,水量与芦苇沼泽等天然湿地稳定,如图5-6所示。

2009—2019年这10 a是衡水湖高速发展时期,高值区存在于湖区以及农田内部,而低值区逐渐向湖区东北方向转移,这源于2014年对衡水湖自然保护区功能区的调整,加入了外围保护带,建筑用地面积增加,因此东北部的开发程度增大,土地利用较为丰富,连通度变小。到2019年,未利用地以及河道等低值区向西南方向转移,由于休耕以及种植结构的改变破坏了农田的聚集形态,河流水量的增长占据了原有河道的林地,造成西南部破碎性增加,但整体分布更加规律和均匀。近年来的空间分布与前两个时期相比较为缓和,但居民点以及其他建筑用地的扩张仍在影响着景观格局的稳定,如图5-7所示。

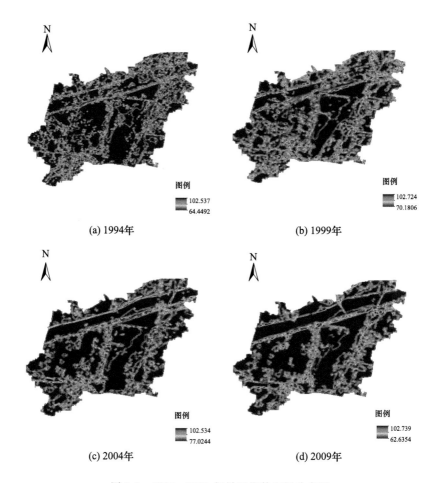

图 5-6　1994—2009 年景观指数空间分布图

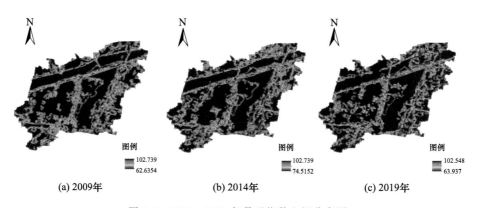

图 5-7　2009—2019 年景观指数空间分布图

5.4　小结

　　本章以前期的土地利用分类图为基础,将计算出的景观指数与第 3 章的景观面积相结合,通过时空综合分析引黄前后景观格局的演变过程。引黄前农田与未利用地面积变化较为剧烈,造成破碎化程度较高,没有优势景观,景观指数低值区基本遍布湖区的四周,并向湖区转移。随着引黄开始,尤其是 1999 年后,各类型斑块聚集程度加强,边缘形状规律化,破碎程度减轻,景观指数低值区分布也在 1999 年之后有了明显转折,逐渐趋于稳定。但近年来,由于居民点与未利用地面积的增加,人类干扰程度的加大,造成景观多样性增加、破碎度化程度加强,景观指数低值区逐渐向外围保护带的建设用地转移。

第6章

衡水湖湿地生境质量演变特征分析

衡水湖景观格局的改变会对生物资源的多样性产生一定的影响,因此在景观格局演变过程分析基础上,探讨景观变化对生物多样性的影响具有一定必要性。本章利用 In VEST 模型提取三个景观类型为威胁因子,对衡水湖生境退化度及质量两个指数进行模拟,并与湖区各生物资源建立线性模型,探求生境变化对于生物资源的影响性。

6.1　衡水湖生境质量空间分布

基于第 3 章、第 4 章中对景观面积、景观指数的研究与分析,利用 In VEST 模型中的"Habitat Quality"模块进行生境质量适宜性的模拟,通过对该区域生境质量、生境退化度的计算,得到衡水湖生态环境质量评价结果。湿地的生物多样性研究主要集中于鸟类的变化[42],因此本研究分析生境质量变化与相应年份的鸟类生物资源的关系,探求衡水湖景观格局变化对鸟类生境产生的影响。

6.1.1　In VEST 模型介绍

In VEST 模型研发的主要目的是实现生态系统服务功能的可视化,将生态环境质量以空间分布的形式表现出来。In VEST 模型由众多模块组成,本次利用的"Habitat Quality"是其中一个模块。本模块主要服务于分析生物对于环境的威胁性及对外部威胁源的敏感性,通过模型计算得到生境在威胁因子影响下的变化情况,并在生境质量指数、生境退化度两个不同层次进行评价[25,41]。生境质量指数数值越大,退化度数值越小,生物多样性越丰富,生态环境的修复能力越强。

模型运行需要基于每个时期的土地利用覆被图,对各景观类型的栅格需要考虑下列因素:(1)威胁因子对于各景观类型栅格的影响;(2)威胁因子对不同生境类型的敏感度;(3)各类型栅格与威胁因子之间影像的最大相对距离;(4)各景观类型受当地的保护水平。基于以上因素,运行模型需要土地利用分类图像、研究区域的矢量文件、每个威胁源的栅格图像、威胁源的最大作用距离、威胁因子所占权重、各景观类型的生境适宜度及对威胁源的敏感性[71,72]。

6.1.2　模型原理

6.1.2.1 生境退化评估

生境退化度主要是由威胁源的作用距离以及生境在威胁源作用下的敏感程度所决定的,退化程度分值的大小主要取决于生境受威胁源影响程度的大小。由公式(6-1)计算分值的大小,其与周围影响程度成正比,也可在此基础上对未来景观类型可能受到的破坏以及影响程度进行预测,并采取相应预防措施。生境退化评估通过In VEST模型中生境类型的退化程度来表达,其受影响因子的距离、敏感度,威胁因子的数量以及权重等参数影响,生境退化度越大的生境类型,相应退化面积越大,也越容易受到影响。

$$D_{xj} = \sum_{r=1}^{R} \sum_{y=1}^{Y_r} \left(\frac{w_r}{\sum_{r=1}^{R} w_r} \right) r_y i_{rxy} \beta_x S_{jr} \tag{6-1}$$

式中:r 为提取的威胁源图层,y 为威胁源中的栅格图像,D_{xj} 为整体退化的程度大小,S_{jr} 为敏感程度大小,w_r 为设定好的权重,β_x 为法律准入度,i_{rxy} 为最大影响距离,r_y 为选择的威胁源的具体数量。

6.1.2.2　生境质量评估

本模型较为重要的指标为生境质量指数,生境质量指数与生境退化程度互相联系,在退化的基础上加入设定好的半饱和函数,将退化数值转换为生境质量指数,生境质量指数可以在一定程度上表示景观类型斑块的破碎化程度。生境质量指数代表该区域适宜生物生存发展的程度,生境质量指数的数值越大,说明该区域的生态系统越完善,生存适宜度越高,反之,则说明生存环境退化,需要进行一定的人工干预。其计算如公式(6-2)所示:

$$Q_{xj} = H_j \left(1 - \left(\frac{D_{xj}^z}{D_{xj}^z + k^z} \right) \right) \tag{6-2}$$

式中:Q_{xj} 表示生境质量指数;H_j 表示适宜度;D_{xj} 表示计算出的生境退化度;k 为半饱和常数,由用户自定义设置,本书中设定为 0.06;z 表示换算固定系数。

6.1.3　数据处理

根据"Habitat Quality"的运行原理及所需要的数据,结合衡水湖实际的景观分布及人口经济情况,运行需求如下所示。

6.1.3.1　当前的土地利用分布图

本研究已经通过 ENVI 的最大似然法将 1984 年、1989 年、1994 年、1999 年、

2004 年、2009 年、2014 年及 2019 年的 8 期遥感图像进行解译,形成土地利用分布图,设置栅格大小为 30 m×30 m。

6.1.3.2　威胁因子

结合衡水湖实地调查和相关文献[6],发现不同生境中活动的鸟类各有不同,适宜鸟类的生态分布区主要是苇沟区、水域芦苇、蒲草区、滩涂、林草地以及灌丛碱蓬区,因此本研究将未利用地、农田以及居民点作为威胁因子。生境质量评估模型中,主要通过威胁因子所作用的距离来衡量对整体景观的影响程度,影响程度与数学函数的衰退形成一定的比例,因此分为线性和指数型的衰退计算公式来表示各威胁因子的空间衰退效果,如公式(6-3)和公式(6-4)所示:

$$i_{rxy} = 1 - \left(\frac{d_{xy}}{d_{r\max}} \right) \tag{6-3}$$

$$i_{rxy} = \exp \left(- \left(\frac{2.99}{d_{r\max}} \right) d_{xy} \right) \tag{6-4}$$

式中:d_{xy} 表示景观类型的栅格像元 x 与 y 之间的影响作用距离,i_{rxy} 表示生境类型 y 的威胁因子对于栅格像元 x 产生的影响程度,$d_{r\max}$ 表示威胁因子对于整体影响的最大距离。

在选择威胁因子的基础上,利用 ArcGIS 将威胁源提取出来并进行重分类,将威胁源与其他类型区分,并按照用户手册的规定将威胁源命名为如 "weiliyongdi_c. tif" 的格式,并参考同类型的研究[25,38,40,42] 以及用户使用手册,按照自然生境>半人工生境>人工生境的原则,对于各威胁因子的最大距离、衰退函数及所占权重参数进行选取,命名为 "threats. csv",表 6-1 中的具体要求与用户手册一致。

表 6-1　威胁源数值设定

威胁因子	最大影响距离/km	权重	衰退线性相关性	威胁因子文件名称
居民点	1.0	1.0	指数型	jumindian_c. tif
未利用地	1.0	0.6	线性	weiliyongdi_c. tif
农田	0.5	0.3	指数型	gengdi_c. tif

6.1.3.3　威胁因子敏感度

不同景观类型对威胁因子的敏感度不同,数值的设定应遵循生态学的基本原理及生物多样性的原则,结合本区域的实际情况设置。景观类型敏感度以及抗压性取决于人为干扰程度的高低,人工景观受人为干扰度较强,敏感度较低,不易受到影响,而自然景观受人为干扰程度较弱,易受到威胁因子干扰。因此,根据原则进行评定:人工景观<自然景观,再结合其他研究成果[71-73] 以及 In VEST 模型用户使用手册进行具体数值的设定,如表 6-2 所示。

表 6-2　景观类型适宜性及对威胁因子敏感度设置

地类代码	景观类型	生境适宜度	居民点	未利用地	农田
1	农田	0.5	0.4	0.15	0
2	水体	0.9	0.8	0.10	0.1
3	居民点	0	0	0	0
4	未利用地	0	0.1	0	0.1
5	芦苇沼泽	1.0	0.6	0.05	0.2
6	林地	0.7	0.2	0.30	0.6

对于景观适宜度因子的设定介于 0~1 的阈值中间,同时参考其他衡水湖湿地生态适宜性评价结果[73-75]。由于本次运用模型主要针对鸟类,数值特性会更倾向于适宜鸟类的生存环境,因此景观类型中的水体、芦苇沼泽等依赖性较大,也更适宜鸟类的栖息与觅食,农田及林地的依赖性次之,其他类型最不适宜。

6.1.3.4　威胁因子图层

威胁因子图层的提取由 ArcGIS 主导完成,将 8 期遥感影像运用重分类的方式提取出威胁源,本研究以 1984 年为例,如图 6-1 所示。

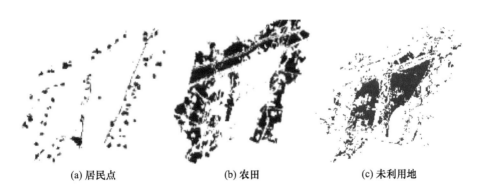

(a) 居民点　　　　　　(b) 农田　　　　　　(c) 未利用地

图 6-1　威胁源提取图层

将得到的生境质量演变图在 ArcGIS 平台上进行重分类,利用自然间断点分级法对生境质量程度进行划分,分为低值区、中低值区、中值区,中高值区、高值区五大类,再对每个分区的面积进行汇总和统计,得到分区面积。

6.1.4　生境历年变化分析

如表 6-3 所示,由生境退化度的最高值得出,整体退化度较小,但变化趋势与生境质量指数相对应。引黄前退化度变化规律不稳定,但总体退化程度在逐渐加重,直到 1989 年引卫运河水、1994 年退耕还林等一系列保护措施实施,退化程度才出现下降,2004 年下降到 0.0084。2004—2019 年由于保护区区域调整,城镇化加深,生境退化度呈现先增加后减小的趋势,但变化幅度较小,整体退化度减小,生境退化程度随衡水湖的治理逐渐减轻。以退化度为基础计算出生境质量指数,两个指数趋势相反,但波动节点与变化幅度一致。

表 6-3 8 期生境退化度

年份	1984 年	1989 年	1994 年	1999 年	2004 年	2009 年	2014 年	2019 年
数值	0.0103	0.0123	0.0114	0.0113	0.0084	0.0084	0.0089	0.0090

如表 6-4 所示,由 1984—2019 年 8 期生境质量指数得出,在衡水湖发展的 35 a 中,生境质量整体维持良好态势,适宜生物栖息。1984 年生境质量指数最低,为 0.8851,1984—1989 年增长较大,源于 1984 年后退耕还湖、引卫运河水,虽引用水量不稳,但也使 1984—1989 年景观面积波动最剧烈的为水体,增长了 24.99 km²,百分比增加 11.37%。由于遥感影像年份选择跨度较大,选取的其他年份与 1989 年相比,水体变化幅度较小,但水体整体在 35 a 中处于增长趋势。随着一系列保护措施的实施,生境质量指数在 2009 年达到顶峰。

表 6-4 8 期生境质量指数

年份	1984 年	1989 年	1994 年	1999 年	2004 年	2009 年	2014 年	2019 年
数值	0.8551	0.9973	0.9982	0.9983	0.9996	0.9999	0.9989	0.9988

由图 6-2 可知,深蓝色和浅蓝色区域属于生境质量的高值区和中高值区,主要由湖区、周围河流等天然景观构成,属于最适宜鸟类栖息生存的区域。在引黄后,随着芦苇沼泽和水体等生态环境的恢复,高值区逐渐扩大,且向湖区转移。红色和黄色区域属于低值区和中低值区,主要由建筑用地及未利用地等人为干扰程度较大区域构成,但在 2004 年农田面积上升后,中低值区仍集中在西湖区,属于不适宜鸟类生存、生境质量较低的区域。绿色区域属于中值区,基本为耕地以及受周围影响的部分水域,这部分水域主要分布于湖区北部,与湖区南部形成对比,这与第 4 章结论中的岸线人为干扰程度增加、破碎度加重有关。

由表 6-5 和图 6-3 可知,低值区 1984—1994 年分布最广,2004 年出现大幅度的下降,下降到 3300.75 hm²,占总面积的 15.00%,但在 2014 年与 2019 年出现上升趋势。中低值区面积呈现持续上升的状态,随着农田面积增长,其仍聚集于干涸的西湖区,说明西湖区生态敏感,易受威胁。中值区面积除 1984 年外,一直保持较大占比,为整片区域的主要组成部分,其在 2004 年出现波动,主要原因在于种植结构改

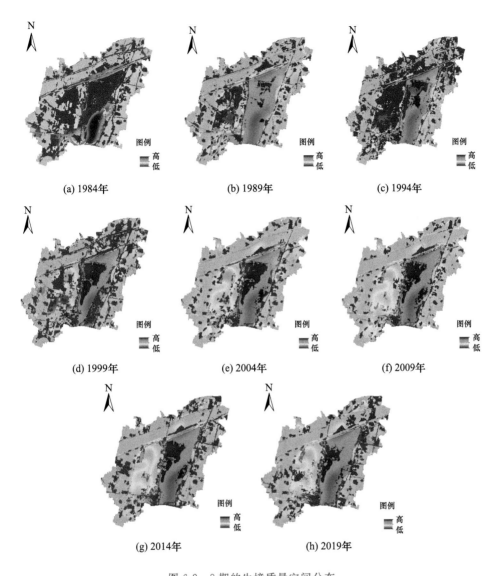

(a) 1984年　　　　(b) 1989年　　　　(c) 1994年

(d) 1999年　　　　(e) 2004年　　　　(f) 2009年

(g) 2014年　　　　(h) 2019年

图 6-2　8 期的生境质量空间分布

变、退耕还林、引水量逐渐稳定,使位于低值区的未利用地、居民点向位于中值区的农田、林地转换。中高值区面积呈现先下降后上升的趋势,1999—2004 年面积从1701.00 hm² 增长到 2436.30 hm²。高值区面积在 1984—1999 年占比分别为8.23%、8.40%、8.72%、8.71%,变化稳定,有小幅度的上升趋势,2004 年增长到2448.99 hm²,但近年来面积有所下降,结合空间分布分析,下降主要源于 2000 年成立自然保护区,恢复芦苇沼泽等生态环境,湖区生境面积增加,未利用地等低值区减少,对湖区生境质量的影响减弱。综上所述,中、高值区作为最能反映生境质量变化的区域,与前文景观演变趋势一致,与生境质量指数变化结合分析,发现湖区的稳定是维持整体生境质量良好的最大因素,但又反映出未利用地、居民点对生境的影响程度最深,西湖区仍在受此影响。因此,针对整体生境质量在引黄后稳步上升,但仍有威胁生境质量的因素存在的问题,建议减少消极的人类活动,从而降低人为干扰程度。

表 6-5   8 期生境质量分区面积   单位:hm²

等值分区	1984 年	1989 年	1994 年	1999 年	2004 年	2009 年	2014 年	2019 年
低值区	7168.32	5161.41	8721.81	7137.09	3300.75	2594.25	4445.82	4489.56
中低值区	2241.99	1893.96	2331.18	2381.67	2830.86	3124.80	3121.56	3293.80
中值区	8362.14	10348.02	7201.62	8874.18	11443.86	11477.34	9918.72	10201.50
中高值区	2425.80	2758.23	1836.00	1701.00	1986.12	2369.97	2301.39	2436.30
高值区	1812.33	1848.96	1919.97	1916.64	2448.99	2438.91	2223.09	2289.42

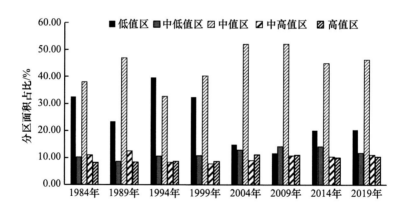

图 6-3   8 期的生境质量分区面积变化

6.2   生境质量对鸟类多样性的影响

如图 6-4 所示,通过构建鸟类资源与生境质量指数的线性回归方程,发现二者拟合情况良好,具有较强相关性,生境质量发展与湿地的湖区建设息息相关,因此政策的实施影响着鸟类群落数量的变化,在研究时段中鸟类的数量也随着生境质量变化出现波动。

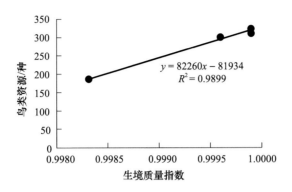

图 6-4　鸟类资源与生境质量指数的线性关系

　　生境质量结合景观动态变化分析发现,湖区是最适宜鸟类生存的栖息地,对鸟类的保护起到很好的缓冲作用。由于引黄前的水量不稳定,衡水湖出现干涸现象,导致芦苇沼泽面积较小,破碎化程度较重,加上土地的盐碱化程度较重以及种植结构的改变,未利用地的面积占有较大的比例,其余类型的空间分布也较为复杂,无法为停歇的鸟类提供优质环境,造成整体鸟类资源的贫乏。引黄初期水量补给以及芦苇沼泽滩地恢复,才使生境质量得到提升,一部分农田取代了原有的未利用地,农田面积增加,人为干扰程度减轻,鸟类的种类数显著提高。但近年来,湖区的北部生境质量下降,这与周围建筑用地的增加有密切关系,人为干扰程度增加、空间异质性加强以及芦苇沼泽面积的减小,影响着鸟类,尤其是水鸟的生存及捕食。此外,本研究将外围保护带纳入研究区域中,衡水湖的外围保护带紧靠岸线,可供建立一些商业项目,但对湖区的生物资源有一定的影响,因此,建议减少其周围的开发利用,避免在候鸟停留时间较长的夏季与冬季进行过量的人类活动,以免对鸟类产生不利影响。

6.3　生境质量对其他生物多样性的影响

　　如图 6-5 所示,通过构建生境质量指数与湖区其他生物资源的一元线性回归方程,发现其间呈现一定的线性关系。这说明除鸟类外,生境质量的变化也在影响着其他生物的发展,但与鸟类相比,其他生物拟合程度差,影响程度较小,验证了前人湿地研究多集中于鸟类资源的原因。分析得出,景观格局的变化影响着生境质量,因此景观变化也在间接影响其他生物数量,其中,上文提到生境质量在1989 年有大幅度提升,与湖区水量增加有密切关系,说明水体这一景观类型对生境影响最大。

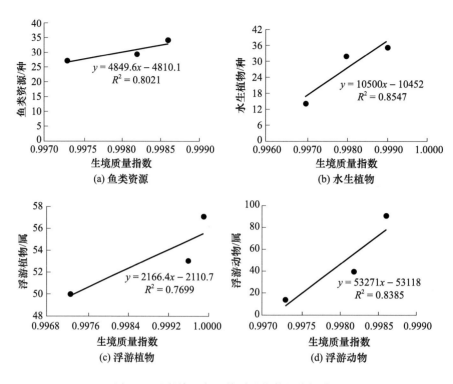

图 6-5　生物资源与生境质量指数的线性关系

　　另外,鸟类的活动范围广泛,整个自然保护区的景观变化均影响着鸟类生存,其中湖区影响最明显。鸟类的栖息环境以及食物资源分布于湖区,因此水体对其他水生生物产生影响,也会间接影响鸟类的生存环境。水体是景观类型的一种,前文仅对 8 期水体进行分析,且时间跨度较大,后续将利用归一化水体指数提取引黄前后近 20 a 的水面面积,详细分析引黄引起的水体变化对水生生物的影响。

6.4　小结

　　根据景观格局演变过程及影响因子研究,结合 In VEST 模型对衡水湖的生境质量进行综合分析,得到生境退化度以及生境质量指数均随衡水湖的有效治理而向良好的方向发展,但由生境质量分析可知,维持湖区的稳定有利于保护区整体的发展,但居民点及未利用地面积增加会对湖区生境质量产生影响,这与湖区周边破碎度加重有关,同样也影响着湖区水生动植物的发展。此外,中低值区面积增加,主要分布于干涸的西湖区,为保护鸟类的栖息生存,有关部门应注意西湖区及湖区周围的开发强度。

生境退化度以及生境质量指数均随衡水湖的有效治理而向良好的方向发展,但居民点及未利用地面积增加会对湖区生境质量产生影响,湖区是生态治理的主要关注区域,而且湿地主要依附于水资源发展,湿地生物也主要栖息生存于水体,因此对于缺水型湿地生态补水的方式和策略研究是治理的关键。因此,应对湿地水体进行进一步研究,分析其引水规律以及对生物资源的影响,以期为衡水湖后续的补水策略提供建议与参考。

第7章

生态补水的效果及其策略优化

7.1 衡水湖自然保护区生态补水情况

衡水湖自然保护区已成为我国北方典型而稀缺的内陆淡水湖泊湿地生态系统,一直面临着上游来水匮乏的问题,且还需要为周围农业灌溉及城市供水,因此引水前常呈现干涸的状态,形成了缺水型湿地。为保障衡水湖生物的栖息地,只能运用生态补水的方式进行缓解,因此衡水湖的水位波动、水面面积收缩都与生态补水的补水量、补水时间、补水方式等因素密切相关,需要人为的方式进行管理和控制,以达到区域水资源优化配置、保障湿地生态系统功能的目的。另外,由于地下水大量开采,导致水位持续下降,其变化规律也遵循 2—3 月春灌开始下降,6—7 月出现最低水位,之后水位开始回升的规律[9],因此冬季的生态补水和春夏季的多次补水对于地下水位的回升和补充起到重要作用。但存在的问题和影响在于,生态补水一般为短期补水,集中于全年中的一个时间段,会造成水量的激增,导致最高水位与最低水位相差较多。引黄初期多集中于冬春季补水,而夏季降雨较少,蒸发量较大,造成了衡水湖与北方非补水湖泊夏季水多、冬春季水相对较少的规律有所不同。由景观演变分析可知,衡水湖整体生境质量虽在 1994 年"引黄入冀"后一直保持较为稳定良好的状态发展,但生态补水在引黄初期均为冬春季引水,且水量不稳定,而随着引水方式的更加合理、科学,近年来衡水湖作为南水北调中线工程的必经之路,成为南水北调中线工程中的重要调蓄工程,还利用南水北调东线一期北延应急供水工程向衡水湖补水,水位保持较为稳定,且生态补水策略调整为多次补水,如在 2008 年和 2016 年春夏季增加补水次数,提高了动植物生长季水位。由生境质量的时空变化分析可知,水体对生境质量的影响较深,水面面积及水位的波动会直接影响到湿地生态系统中动植物的分布格局、多样性,因此应了解衡水湖自然保护区的生态补水效果,以期为衡水湖生态补水策略提供借鉴。

7.2　引黄前后水面面积变化特征

7.2.1　水体指数法提取水面面积

本书中选择的水体指数为 NDWI,首先对获取的遥感影像进行预处理,其次运用软件 ENVI 中的"band math"工具,利用公式(7-1)进行波段运算,最后构建新的决策树模型,对指数的阈值进行设置,将不满足阈值的情况设定为非水体,满足阈值的情况设定为水体,对水体信息进行提取。

$$I_{NDW} = \frac{B_{Green} - B_{NIR}}{B_{Green} + B_{NIR}} \tag{7-1}$$

式中:I_{NDW}表示归一化水体指数,B_{Green}表示该图像中的绿色波段,B_{NIR}表示该图像中的近红外波段。

7.2.2　水面面积变化特征

由于引水的时间和方式在 35 a 中有所变化,因此运用 ENVI 与 ArcGIS 软件,对引黄前后冬季和夏季的水体进行对比,分析引黄前后水量的变化趋势,了解全年引水前后的水体变化状态。由于云量、年份的限制以及补水特点的不同,选择 12 月至次年 2 月(冬季)和 6—9 月(夏季)的遥感影像。

7.2.2.1　引黄前水面面积变化特征

(1)引黄前冬季水面面积变化特征。如图 7-1 和图 7-2 所示,1984—1993 年,冬季最大水面面积 4012 hm²,最小水面面积 500 hm²,差距较大,很不稳定,且在 1984 年、1990 年、1993 年水面面积下降显著,水量补给处于极不稳定的状态。

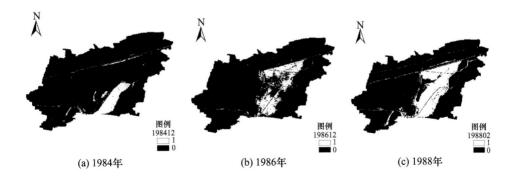

(a) 1984年　　　　(b) 1986年　　　　(c) 1988年

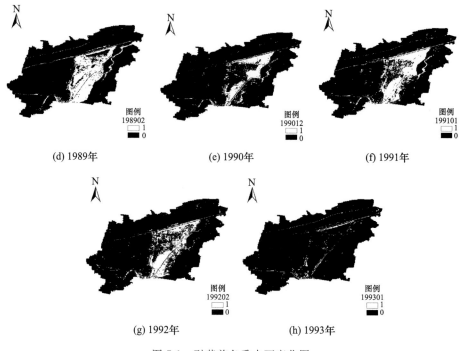

(d) 1989年　　　　　(e) 1990年　　　　　(f) 1991年

(g) 1992年　　　　　(h) 1993年

图 7-1　引黄前冬季水面变化图

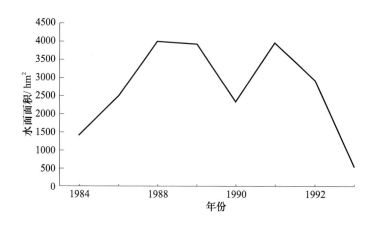

图 7-2　引黄前冬季水面面积变化趋势

（2）引黄前夏季水面面积变化特征。针对引黄前夏季水量的变化,选择 1984—1994 年 6—9 月的遥感影像进行水体的提取,分析图 7-3 和图 7-4 可以得到夏季的变化趋势。夏季水面面积整体偏低,仅在 1986 年和 1990 年有所上升。这期间最小水面面积 304.2 hm²,几乎处于干涸状态。

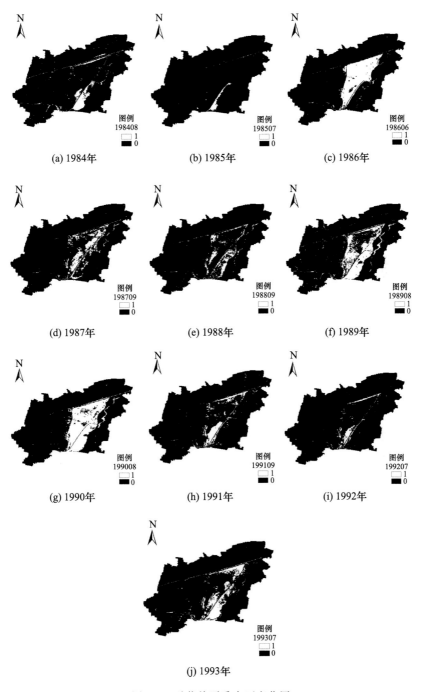

(a) 1984年   (b) 1985年   (c) 1986年

(d) 1987年   (e) 1988年   (f) 1989年

(g) 1990年   (h) 1991年   (i) 1992年

(j) 1993年

图 7-3　引黄前夏季水面变化图

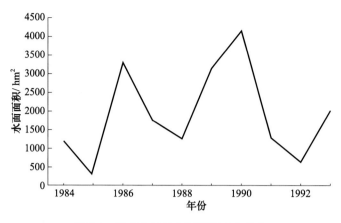

图 7-4　引黄前夏季水面面积变化趋势

7.2.2.2　引黄后水面面积变化特征

（1）引黄后冬季水面面积变化特征。由图 7-5 和图 7-6 可知，由于引黄后冬季补水整体呈现增加的趋势，冬季水面面积较引黄前同期显著增加，2009 年以后基本稳定在 3000 hm² 以上，在 3400 hm² 左右浮动，且水面面积年际差异较小。但由于2008 年、2012 年、2013 年、2016 年补水方式转变，在春夏季进行二次补水，使冬季引水量减小，因此冬季水面面积出现下降的趋势，但 2016 年后补水量整体增加，不定期补水次数增加，水生植物收割，使冬季提取的水面面积增加。

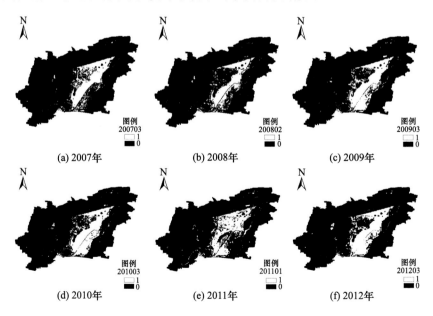

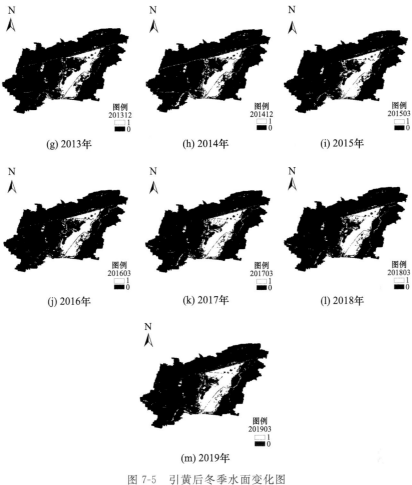

(g) 2013年　　　　　　　(h) 2014年　　　　　　　(i) 2015年

(j) 2016年　　　　　　　(k) 2017年　　　　　　　(l) 2018年

(m) 2019年

图 7-5　引黄后冬季水面变化图

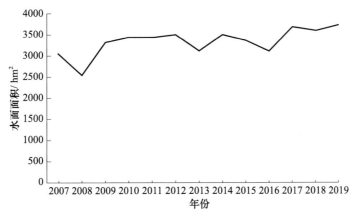

图 7-6　引黄后冬季水面面积变化趋势

（2）引黄后夏季水面面积变化特征。由图 7-7 和图 7-8 分析可知，由于采用冬季补水的方式，且受夏季蒸发量大、降水量少等影响，相较于冬季，夏季水面面积较小，处于低水位状态，2014 年之前，夏季水面基本在 2300 hm² 左右浮动，之后水面面积增加，基本在 3100 hm² 左右浮动。但引黄后湖区常年水量充盈，2007—2015 年水面面积处于上下波动的状态，是因为 2008 年后间接性地在春夏季进行二次补水，造成了夏季水面面积波动。近年来，尤其是 2016 年后，每年进行三次引水，除引黄外还引入卫运河水和岳城水库水，使夏季水面面积增长较多，且在 2017 年水面面积达到历史最高；2017 年开始湖区中间的浅水沼泽区面积明显减少，这也是造成水面面积增长的原因。

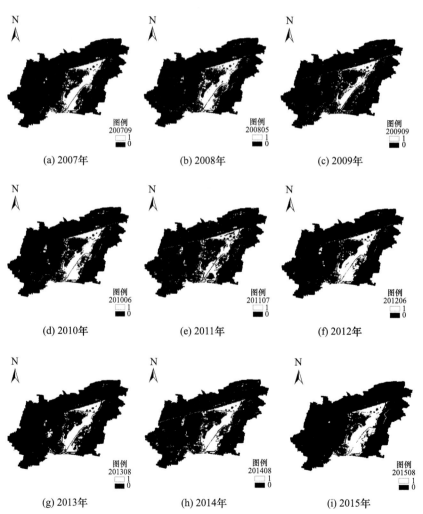

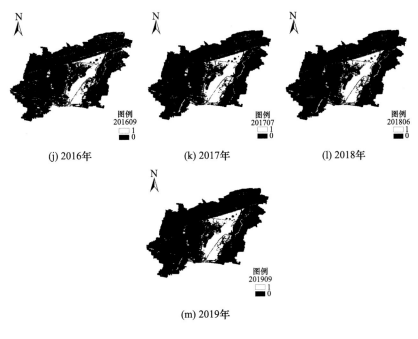

(j) 2016年　　　　(k) 2017年　　　　(l) 2018年

(m) 2019年

图 7-7　引黄后夏季水面变化图

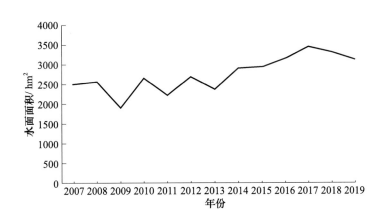

图 7-8　引黄后夏季水面面积变化趋势

7.3　引黄前后水位变化特征

引黄前最高水位最低为 18.40 m,最高为 20.29 m,整体波动较大,水位较低;引黄后的水位保持在稳定状态,整体最高水位都在 20.50 m 及以上,并在 2017 年达到最高,浮动较小[75];且一年四季中的水位变化趋势是冬春季为最高水位,除近年来引水频次增多外,夏秋季均为最低水位,最高水位与最低水位相差 1～2 m[76],如图 7-9 和图 7-10 所示。

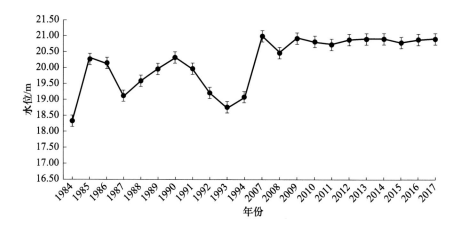

图 7-9　引黄前后最高水位变化趋势

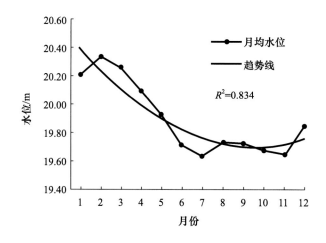

图 7-10　衡水湖 1994—2017 年逐月平均水位过程线

由表 7-1 可知,3—7 月的蒸发量较大,正好对应春耕时间,农业用水增加,导致水位处于下降状态。降水主要集中在 7—8 月,但衡水湖多年平均降水量为 479.4 mm,水面蒸发量多年平均为 1043.1 mm,差距较大,导致了夏季水位下降[9]。这与北方非补水湖泊夏季水多、冬春季水相对较少的规律有所不同。

表 7-1　衡水湖多年平均月蒸发量与降水量　　　　　　　单位:mm

月份	1月	2月	3月	4月	5月	6月	7月	8月	9月	10月	11月	12月
蒸发量	25.6	36.4	84.8	124.3	147.6	156.1	125.1	108.2	96.0	74.0	42.8	22.2
降水量	2.7	5.6	10.1	22.4	31.6	58.5	156.4	112.2	38.8	26.8	11.0	3.3

7.4　引黄前后湖内生物变化及影响分析

7.4.1　水生植物资源状况变化

引黄前衡水湖湖区有水生维管植物马来眼子菜、小次藻、黄绿草、菹草、芦苇等,其中马来眼子菜和菹草为优势种[77],香蒲、芦苇还没有进行广泛种植。引黄后,2011年发现大型水生植物 3 门 14 科 22 属 32 种[78],2021 年水生植物增长到 15 科 25 属 35 种,优势种是芦苇、蒲草、金鱼藻属、眼子菜、黑藻属、茨藻属和藕,优势种增加 6 种。

水生植物的生长与水位的关系直接影响植被的生长和物种间的竞争关系。衡水湖自 2002 年开始广泛种植水生植物,根据适宜水深将水生植物分为五大类别,如表 7-2 所示[79]。根据上文历年水位与水面面积的变化,并结合水生植物的分布情况得到,引黄前水位大多数维持在 20 m 以下,但因为补水量无法保证,常年处于干涸状态,导致水生植物无法大面积种植。1994 年引黄后补水水位保持在 20 m 以上,水面面积变化逐渐稳定,水生植物可以集中于夏季生长,香蒲、芦苇发展为湖区的优势种,达到净化水质、吸收有害物质的目的[80]。但仍存在隐患:①冬季与夏季水位差异较大。夏季水位下降,造成生长季湖区形成浅水沼泽区,促进了湖区内芦苇和香蒲的扩张,但冬季水位上涨,淹没水生植物的残体,造成溶解氧消耗,有机物腐败,自净能力减弱[75]。②水生植物间的侵蚀。引黄虽能补充水源,但也导致外有物种的入侵,如香蒲逐渐成为取代芦苇的优势种。冬季引黄后水面面积与水位的增加,将淹没浅水区芦苇类植物,造成香蒲泛滥生长,而香蒲根叶较为粗壮、发达,侵蚀过程中造成多物种交叉分布,使此区水体的透明度降低,造成轮藻的大量繁殖。在引黄初期,如 2005 年就发现过衡水湖水体变质,水体变为灰白色,富营养化程度严重[81]。因此,近年来夏季水位随补水量的增加而上升,缩小了冬夏季水位差距,在水生植物生长旺盛季节进行定期收割,清淤以保持水质的良好,但水生植物的减少以及水面面积的扩张会减少如浅水沼泽等的栖息区域,会对鸟类,尤其是水鸟的生存环境造成影响,须进一步进行生态调控。

表 7-2　水生植物分布情况

种植种类	平均水深/m
深水植物	2.5
沉水植物	2.1
芦苇类	1.8
香蒲类	1.9
荷花类	1.9

7.4.2　浮游生物资源状况变化

在衡水湖湖区,1987—1988 年监测发现 7 门 50 属浮游植物[82],1989 年发现 7 门 60 属浮游植物[77]。引黄前,由于引入卫运河水,导致浮游植物种类上升,引黄后,2003 年发现浮游植物共 7 门 53 属,其中优势种有金藻门类和所属的金尾藻、锥囊藻等[74],2018 年上升到 6 门 57 属[83],1989 年后整体呈现先下降后上升的趋势。浮游动物以浮游植物为食,因此浮游动物也与浮游植物的增长趋势一致,引黄前,1987—1988 年发现浮游动物 4 门 14 属[82],1989 年发现浮游动物 4 门 39 属[82],而在引黄后发现 3 门 6 纲 90 属[74]。

由于浮游植物的水体空间分布具有垂直与水平异质性,水体的波动与浮游植物数量的增加有密切关系,引黄前,水面面积与水位均在 1985 年引卫入湖后增长,生物量也随之增长,之后由于引水量不稳定,水面面积与水位均有较大波动,导致 1992 年与 1993 年的冬夏季水面面积达到最低值,湖区出现干涸情况,浮游生物生长环境遭到破坏,但随着优质水源的引入,改善了浮游生物的生存环境,因此引黄后的浮游生物量增加[83]。但浮游生物与水温、营养物、摄食等也有较大的联系,其密度存在夏高冬低的特点,因此冬季浮游植物较少,无法提供足量的溶解氧,加上冬季的快速补水,使水体产生缺氧环境,无法降解水生植物残体中的有机质,而夏季水位下降,有机质快速分解,溶解氧低,浮游生物开始大量繁殖,造成水体污染,随后水生植物又快速增长,以此形成恶性循环。在衡水湖的藻类调查中发现,夏季蓝藻与硅藻相伴,大量共生,且面积较大,不易被摄食,因此极易引起水华。生态补水过程能扰乱水体热分层现象,限制生物生长[52],因此近年来每年 3 次的补水频率,加强了生态调动,增强水体流动性,破坏夏季的水体分层,有利于减少蓝藻等门类的生长,抑制水体富营养化,保证鸟类、鱼类等生物生存水质的良好,为水生动物提供优质的食物资源[9]。但丁二峰研究发现,引黄过程污染源较多,且氮类等营养物质在调水量最多的年份增加,氮、磷量增加会使浮游植物的生长达到顶峰[84]。因此,近年来夏季的频繁调水,虽然改善了水生态环境、增加了生物种类,但仍要注意过量营养物质的引入。近年来湖区周围人类活动频繁,周边污染源增加,也易造成蓝藻、绿藻类数量增长,2018 年水体就具有较高的富营养化水平,进而影响了鸟类、鱼类等生物的生存环境,使水体生境质量下降。

7.4.3　鱼类资源状况变化

在衡水湖湖区,2003 年发现鱼类 7 目 13 科 26 属 27 种[85],2004—2006 年发现 7 目 13 科 30 属 31 种[86],其中有 4 类鱼未在衡水湖以往调查中发现,究其原因与引入黄河水有密切的关系,新物种随黄河水引进。2021 年发现鱼类 8 目 14 科 34 种,种类呈现增加趋势。

由于水量充足及渔业的发展,鱼类又以浮游生物为食,因此引黄后随着浮游生物数量的增长,鱼类也一直处于增长的状态。鱼的排卵期主要集中于 3—6 月,且适宜在高水位的环境中排卵,由于衡水湖水位冬高夏低的特点,水位在鱼类的排卵期处在下降的状态,水面面积减小也不利于鱼类的产卵。鱼类属于水生生物,依附水体生存,夏季衡水湖水量的快速减少,可能导致有机质浓度升高、水中溶解氧降低、水体富营养化程度增强,威胁鱼类生存。因此,近年来的不定期补水,提高了衡水湖春夏季的生态水位,为鱼类提供了更加适宜的生存环境。另外,衡水湖的鱼类资源分布与水体的垂直分布也有极大的联系,鱼类更倾向于底层的生存环境,其数量因水位的上升逐渐减少,上层及表层的鱼类资源较少,因此水位的稳定为上层的鱼类提供了更加适宜的空间环境,也更为鸟类捕获上层鱼类等食物资源提供便利。此外,鱼类能敏感地反映人类干扰状况,随着人类干扰度增加,出现过度捕捞、鱼类体型较小的情况[87],间接成为近年来水鸟资源减少的原因之一。

7.4.4　鸟类资源状况变化

2001 年,在衡水湖湖区观察到鸟类共有 17 目 48 科 142 属 299 种[9],比之前的报道中多出了 13 种。2009 年,在衡水湖发现高达 310 种鸟类[88],其中还发现了震旦鸦雀,为全球性濒危物种。2017 年,发现鸟类 323 种[89]。

引黄前鸟类资源的记录较少,随着 2000 年设立鸟类自然保护区,以及黄河水的引入导致水量逐渐稳定,野生动植物种类逐年增多,鸟类的食物与栖息地得到保障。由于鸟类生存和发展的空间具有一定综合性,鸟类变化更能体现湿地的生物稳定性。鸟类种类众多,包括留鸟、夏候鸟、冬候鸟、旅鸟[90],其中候鸟占比最大,为 89.1%。每年有上万只候鸟在衡水湖迁徙过冬。鸟类总数量增加且种类复杂,冬高夏低的水位虽然增加了冬候鸟的迁徙数量,但其中依附于水体生存并在此繁殖的水鸟的优势种逐渐成为罕见种。集中的快速补水导致水面扩张,淹没水鸟的繁殖区域,夏季过低的水位也增加了人类活动或鼠类取食等对水鸟繁殖地的干扰。再者水鸟分为涉禽和游禽,二者区别在于游禽生活于水中,而涉禽生活于浅滩、水边,与人类活动距离较近,易受周围影响。衡水湖的历史记录中涉禽种类较多,但近年来鸻鹬类涉禽种类明显减少,与春夏季频繁补水,造成沼泽等浅水区淹没,水生植物大量收割有密切关系,加上景观格局分析中发现周围农田休耕、人类活动加剧,改变了涉禽类水鸟的生存环境,造成了 4 月和 9 月水鸟数量的减少[91]。

7.5 小结

基于引黄前后水面面积与水位的变化特征,并结合已有研究的生物量变化的结论,发现引黄后的生物量均有明显的增加趋势,并分析了冬高夏低的水位特征对各生物资源的影响。引水量的增加淹没一些浅水区的植物,夏季易造成水华泛滥等,因此本章分析近年来引水方式改变带来的影响,以探求更科学合理的水量调控模式,寻求最适合的生态水位,注意生物间的相互影响。

(1)加强对湖区各闸口碳、磷、氮等元素的监控,对浮游植物,尤其是蓝藻类在夏季的生长进行调控。提高衡水湖水体流动性,开展水质恢复及保护工作,注意引水过程中外来污染源造成的污染,以免破坏水体生态平衡,选择控制衡水湖有机污染的最优补水方案,开展生态补水对湖底淤积和生物入侵等影响的监控。

(2)避免生态补水对水鸟生境的负面影响,主要关注水鸟在繁殖期的生境适宜性,了解水鸟,尤其是涉禽类的生活习性,保证芦苇沼泽等浅水区的面积,避免无序的水面面积扩张淹没繁殖浅水区域,开展不同种类水鸟的栖息地的模拟研究,可适当人工建造远离人群环绕岸线的,针对水鸟,尤其是涉禽类的生态环境。

(3)开展最适宜生态水位的模拟研究,应利用降水量、蒸发量、渗透量、水资源利用量、地下水开采量等指标,结合各类生物的生长习性,综合考虑最适宜的生态水位,掌握生物在不同生长阶段对水位需求的不同特点。在生物生长季节进行少量多次补水,进行水位动态监测,根据《河北省衡水市水情预警发布管理办法(试行)》,衡水湖湖内水位达到或低于 19.50 m 将进行水情预警[75],因此应集中于春季补水,保证 4—7 月生态水位维持在 20.50 m 左右,使春夏季保持并提高湖区的水体流动性,防止出现生态干旱区,建立动态的生态补水机制,避免最高水位与最低水位间差距过大,保证湖区季节性水位涨落的稳定,聚焦于季节性消落带的生态变化情况。

（4）注意湖区周围城镇化扩张，减少湖区东北部，尤其是岸线周围的人类活动，适当考虑保护地带的整体开发和人类活动影响，避免造成对水生生物区和水质的污染。还须根据当地经济人口发展规模综合考虑，确定最佳方案，以达到生活、生产、生态用水效率的最大化，尤其预防人类对于鱼类的捕捞，应出台相应规章制度保障鱼类的生存环境。

第8章

▶ ▶ ▶

结论与建议

8.1　结论

　　针对衡水湖 35 a 的景观格局演变以及对生物资源的影响进行研究,定量分析 35 a 中引黄前后的景观类型变化规律、景观指数时空变化特征以及景观格局对生境质量以及生物资源的发展影响。本研究以衡水湖引黄为主要时间节点,将 8 期遥感影像分为引黄前、引黄初期以及近年来三个阶段进行对比分析,运用景观面积转移矩阵、单一动态度、综合动态度、景观指数、In VEST 模型等方法,研究景观演变特征与规律,以及生物生境质量的演变特征,并与生物变化结合分析生态补水效果,为衡水湖自然保护区生境湿地管理提出相应建议。

　　(1)引黄前的各景观类型变化幅度较大,影响因子较多,未利用地与农田的总面积达到 146.6 km²,占总面积的 66.66%,破碎度较高,各景观之间连通性差,没有景观优势,斑块形状复杂且具有多样性。耕种土地侵占湖区、水量不足引发干涸的情况以及芦苇沼泽面积较小,严重威胁衡水湖的生态环境。

　　(2)引黄初期景观在 1994—1999 年仍处于破碎化程度较高的状态,但情况有所好转。未利用地与水体的变化仍为不稳定因素。水体从 31.39 km² 下降到 23.02 km²,冀州小湖出现干涸的情况,是引黄水量不足加上自身沥水短缺所导致的。未利用地面积虽减少,但仍是影响湖区生态以及鸟类生境的主要原因。1999 年后出现较大转变,水量逐渐稳定,上升到 32.13 km²,湖区沼泽逐渐恢复到 19.04 km²,农田脱离土地盐碱化,开始大面积种植作物,景观聚集度提高,逐渐恢复湖区周围的稳定,与 1996 年撤地建市、施行退耕还林政策、建立鸟类自然保护区等生态恢复政策有关。

　　(3)近年来衡水湖景观变化较为缓慢,湖区治理效果明显并逐渐稳定,由于经济开始高速发展,影响衡水湖景观面积的因子逐渐转变为居民点和未利用地,未利用地的面积由于休耕、土地盐碱化等原因上下波动,居民点上升到 35.71 km²,占总面积的 16.24%。未利用地最大斑块占比逐渐上升,破碎度增加,与自然保护区的功能区域调整有关。允许外围保护带建设商业项目,造成湖区周围岸线破碎度增加。本研究中林地面积减小,与郭子良等的研究相悖[29],其可能与郭子良等的研究未将外围保护带纳入研究区域有关。

(4)运用 In VEST 模型研究农田、未利用地及居民点三种景观类型对生境的威胁程度,结合前期得到的景观格局变化,综合分析景观格局对生境产生的影响。整体生境质量指数处于上升趋势,且恢复蓄水对整体生境影响最大,2009年生境质量指数上升到 0.9999,2014—2019 年出现轻微的下降情况,生境质量高值区的面积也呈现下降趋势,生境质量中高值区面积逐渐稳定增加并向湖区靠拢,说明衡水湖的生境质量在引黄后逐渐好转,但居民点与未利用地面积增加,使居民点较密集的湖区北部适宜程度变差,加上西湖区处于生境质量中低值区,面积增加,与近年来景观格局变化结果相呼应,说明人类活动对生境影响较大。

(5)通过对比引黄前后水面面积以及水位的变化趋势,结合其他学者对生物资源的变化分析,发现生态补水对保障生态环境和生物多样性稳定起到了良好作用,对春灌时期的地下水进行补给,为地下水位的恢复提供喘息之机。但通过冬夏季生物发展过程对比发现,冬季补水和近年来春夏季多次补水两种方式都对生物产生了一定的消极影响,尤其水鸟处于食物链顶端,是衡量生态稳定性的重要指标,鸟类总量增加,但优势种减少,说明仍需要更科学合理的补水策略和适宜生态水位的确定。

8.2　建议

综上所述,自然保护区成立以来,衡水湖生态恢复加快且效果显著。但近年来经济发展导致建筑用地破碎化严重,不利于后期发展且影响生物发展,因此提出以下建议。

(1)对于人类活动方面,减少湖区周围的人类活动,减少人为干扰程度,尤其应聚焦于外围保护带沿岸区域的生态环境,将经济基础建设进行合理分配及利用,保证外围保护带与自然资源的和谐共生。对西湖的村庄进行生态搬迁,防止村庄的进一步扩张,最大限度减少居民对生态系统的影响。

(2)对于生境质量方面,各部门应增加岸边,尤其是湖区东部(外围保护带)的林地和草地面积,增大湖区周围的自然度,营造天然的生长环境,在现有措施的基础上继续增加芦苇沼泽、草甸等生境面积,吸引鸟类栖息。注意各生物间的联系以及影响,加大生物资源的监测频率,注重生态调控。通过生态农业园区改造、生态移民、缓坡改造、防护林营建等改造措施,优化生境质量。

　　(3)对于生态补水方面,应加强引水闸口处碳、磷、氮等元素的监控,控制外来污染源的进入,进行持续性的生态补水,增强湖区水体的流动性,减小最高水位与最低水位间的差距。另外,应了解各生物的生长习性和相互间的影响,以此来对水量进行细节调控,也可根据地形特征确定引水入口,利用高地势引入形成动态的引水过程,保障生物多样性。

参考文献

[1] DOUGLAS C T,ERICA N,KENNETH F A. Effects of local and landscape-scale habitat variables on abundance and reproductive success of wetland birds [J]. Wetlands Ecology and Management,2010,18(6):679-693.

[2] 陈宜瑜,吕宪国. 湿地功能与湿地科学的研究方向[J]. 湿地科学,2003,1(1):7-11.

[3] TORMA A,CSASZÉR P. Species richness and composition patterns across trophic levels of truebugs(Heteroptera)in the agricultural landscape of the lower reach of the Tisza River Basin[J]. Journal of Insect Conservation,2013,17(1):35-51.

[4] ZORRILLA M P,PALOMO I,GOMEZ B E,et al. Effects of land-use change on wetland ecosystem services:A case study in the Donana marshes(SW Spain)[J]. Landscape and Urban Planning,2014,56(122):160-174.

[5] LOPEZ P A,LOPEZ I G,MARTIN C C. Irrigation canals in a semi-arid agricultural landscape surrounded by wetlands:Their role as a habitat for birds during the breeding season[J]. Journal of Arid Environments,2015,48(118):28-36.

[6] 卢爱刚,王圣杰. 中国自然保护区发展状况分析[J]. 干旱区资源与环境,2010,24(11):7-11.

[7] HUANG Y,FU J,WANG W,et al. Development of China's nature reserves over the past 60 years:An overview[J]. Land Use Policy,2019,56(80):224-232.

[8] 张芸,李文体. 河北省湖泊型湿地水环境状况及保护建议[J]. 南水北调与水利科技,2007,5(1):78-81.

[9] 张彦增,严俊岭,崔希东,等. 衡水湖湿地恢复与生态功能[M]. 北京:中国水利水电出版社,2010.

[10] 方神光,江佩轩. 景观格局及其对河湖水环境与水生态影响研究进展[J]. 人民珠江,2020,41(9):70-78.

[11] THEOBALD D M,RIEBSAME H G. Land use and landscape change in the Colorado Mountains II:A case study of the East River Valley[J]. Mountain Research and Development,1996,16(4):407-418.

[12] WU J,SHEN W,SUN W,et al. Empirical patterns of the effects of changing scale on landscape metrics[J]. Landscape Ecology,2002,17(8):761-782.

[13] 闫小满,周逢旭,赵弼皇.3S技术在湿地景观资源调查中的应用[J].现代园艺,2018,32(4):148-149.

[14] 李冬林,王磊,丁晶晶,等.水生植物的生态功能和资源应用[J].湿地科学,2011,9(3):290-296.

[15] TISCHENDORF L. Can landscape indices predict ecological processes consistently[J]. Landscape Ecology,2001,16(3):235-254.

[16] 马键斌.基于RS和GIS技术的泉州湾河口湿地景观格局变化[J].武夷学院学报,2019,38(12):4-8.

[17] 韩美,张翠,路广,等.黄河三角洲人类活动强度的湿地景观格局梯度响应[J].农业工程学报,2017,33(6):265-274.

[18] 石英杰.雄安白洋淀湿地景观格局分析及生态规划研究[D].保定:河北农业大学,2020.

[19] 张敏,宫兆宁,赵文吉,等.近30年来白洋淀湿地景观格局变化及其驱动机制[J].生态学报,2016,36(15):4780-4791.

[20] 洪佳,卢晓宁,王玲玲.1973—2013年黄河三角洲湿地景观演变驱动力[J].生态学报,2016,36(4):924-935.

[21] 周林飞,姚雪,王鹤翔,等.基于Landsat 8遥感影像的湿地覆被监督分类研究[J].中国农村水利水电,2015,15(9):62-67.

[22] DRONOVA I. Object-based image analysis in wetland research:A review[J]. Remote Sensing,2015,7(5):6380-6413.

[23] 陈琳,任春颖,王宗明,等.黄河三角洲滨海地区人类干扰活动用地动态遥感监测及分析[J].湿地科学,2017,15(4):613-621.

[24] 董金芳,王娟,何慧娟,等.基于支持向量机的湿地遥感分类方法[J].测绘与空间地理信息,2016,39(11):150-151,155.

[25] 孙姝博,孙虎,徐崟尧,等.运城黄河湿地景观空间格局变化及其驱动因素[J].水生态学杂志,2021,42(1):1-15.

[26] 刘慧,齐增湘,黄傅强.洞庭湖区湿地景观格局与鸟类栖息地时空变化[J].遥感信息,2021,36(1):144-152.

[27] 贾艳艳,唐晓岚,唐芳林,等.1995—2015年长江中下游流域景观格局时空演变[J].南京林业大学学报(自然科学版),2020,44(3):185-194.

[28] 黎聪,李晓文,郑钰,等.衡水湖国家级自然保护区湿地景观格局演变分析[J].资源科学学报,2008,30(10):1571-1578.

[29] 郭子良,张曼胤,刘魏魏,等.三个时期河北衡水湖国家级自然保护区景观格局

和保护成效分析[J]. 湿地科学,2021,19(2):170-177.

[30] PRIMACK R B, PAMELA H. Biodiversity and forest change in Malaysian Borneo[J]. BioScience -American Institute of Biological Sciences(USA),2001, 36(11):829-837.

[31] 颜凤,李宁,杨文,等. 围填海对湿地水鸟种群、行为和栖息地的影响[J]. 生态学杂志,2017,36(7):2045-2051.

[32] 刘长海,王希群,王文强,等. 湿地土壤动物及其与湿地恢复的关系[J]. 生态环境学报,2014,23(4):705-709.

[33] 刘志伟,周美修,宋俊玲,等. 复合垂直流人工湿地污染物去除特征及微生物群落多样性分析[J]. 环境工程,2014,32(6):38-42.

[34] 吴季秋,俞花美,葛成军,等. 基于 RS 与 GIS 的海湾土地利用/覆盖及驱动机制研究[J]. 海南师范大学学报(自然科学版),2012,25(2):206-211.

[35] LEH M D, MATLOCK M D, CUMMINGS E C, et al. Quantifying and mapping multiple ecosystem services change in West Africa[J]. Agriculture Ecosystems and Environment,2013,165(1751):6-18.

[36] TERRADO M, SABATER S, CHAPLIN-KRAMER B, et al. Model development for the assessment of terrestrial and aquatic habitat quality in conservation planning[J]. Science of the Total Environment,2016,540(1):63.

[37] POLASKY S, NELSON E, PENNINGTON D, et al. The Impact of land-use change on ecosystem services, biodiversity and returns to landowners: A case study in the state of Minnesota[J]. Environmental and Resource Economics, 2011,48(2):219-242.

[38] 吴未,张敏,许丽萍,等. 土地利用变化对生境网络的影响——以苏锡常地区白鹭为例[J]. 生态学报,2015,35(14):4897-4906.

[39] 张大智. 基于 In VEST 模型的南四湖流域生物多样性评价与保护研究[D]. 济宁:曲阜师范大学,2018.

[40] 白健,刘健,余坤勇,等. 基于 In VEST-Biodiversity 模型的闽江流域生境质量十年变化评价[J]. 林业勘察设计,2015(2):5-12.

[41] 邓万权. 莫莫格湿地越冬白鹤栖息地景观动态与生境评价[D]. 北京:北京林业大学,2020.

[42] 巩杰,马学成,张玲玲,等. 基于 In VEST 模型的甘肃白龙江流域生境质量时空分异[J]. 水土保持研究,2018,25(3):191-196.

[43] 钟莉娜,王军. 基于 In VEST 模型评估土地整治对生境质量的影响[J]. 农业工程学报,2017,33(1):250-255.

[44] 褚琳,张欣然,王天巍,等. 基于 CA-Markov 和 In VEST 模型的城市景观格局

与生境质量时空演变及预测[J]. 应用生态学报,2018,29(12):4106-4118.

[45] 张良. 衡水湖湿地生态适宜度评价[J]. 福建林业科技,2014,41(2):166-171.

[46] 刘永,郭怀成,周丰,等. 湖泊水位变动对水生植被的影响机理及其调控方法 [J]. 生态学报,2006,26(9):3117-3126.

[47] 闫丹丹,栾兆擎,徐莹莹,等.1958—2002年洪河国家级自然保护区浓江河水文 情势变化分析[J]. 湿地科学,2014,12(2):251-256.

[48] 杨娇,厉恩华,蔡晓斌,等. 湿地植物对水位变化的响应研究进展[J]. 湿地科 学,2014,12(6):807-813.

[49] REBELO L M, FINLAYSON C M, NAGABHATLA N. Remote sensing and GIS for wetland inventory, mapping and change analysis[J]. Journal of Environmental Management,2009,90(7):2144-2153.

[50] 胡振鹏,葛刚,刘成林,等. 鄱阳湖湿地植物生态系统结构及湖水位对其影响研 究[J]. 长江流域资源与环境,2010,19(6):597-605.

[51] 杨涛,宫辉力,胡金明,等. 长期水分胁迫对典型湿地植物群落多样性特征的影 响[J]. 草业学报,2010,19(6):9-17.

[52] 王鸿翔,朱永卫,查胡飞,等. 东洞庭湖湿地生态水位阈值研究[J]. 长江流域资 源与环境,2021,30(9):2217-2226.

[53] 杨少荣,黎明政,朱其广,等. 鄱阳湖鱼类群落结构及其时空动态[J]. 长江流域 资源与环境,2015,24(1):54-64.

[54] 胡梦红,杨丽丽,刘其根. 竞争捕食作用对千岛湖浮游动物群落结构的影响 [J]. 湖泊科学,2014,26(5):751-758.

[55] KOLMAKOVA A A,KOLMAKOV V I. Amino acid composition of green microalgae and diatoms,cyanobacteria, and zooplankton[J]. Inland Water Biology,2019,12(4):31-39.

[56] 梅海鹏,王振龙,刘猛,等. 洪泽湖近50 a特征水位变化规律及影响因素[J]. 长江科学院院报,2021,38(1):35-40.

[57] 张雅燕,吴志旭,朱淑君. 千岛湖藻类及相关环境因子多元线性回归和鱼腥藻 预测模型的建立[J]. 中国环境监测,2002,18(3):37-41.

[58] 魏念,余丽梅,茹辉军,等. 三峡库区典型支流回水区浮游植物群落结构特征及 影响因子分析[J]. 淡水渔业,2022,52(1):103-112.

[59] 邓书斌,武红敢,江涛. 遥感动态监测中的相对辐射校正方法研究[J]. 遥感信 息,2008,23(4):71-75.

[60] ODLAND A, DEL-MORAL R. Thirteen years of wetland vegetation succession following a permanent drawdown, Myrkdalen Lake, Norway [J]. Plant Ecology,2002,162(2):98-185.

[61] 徐晓龙,王新军,朱新萍,等.1996—2015 年巴音布鲁克天鹅湖高寒湿地景观格局演变分析[J].自然资源学报,2018,33(11):1897-1911.

[62] 刘纪远,徐新良,庄大方,等.20 世纪 90 年代 LUCC 过程对中国农田光温生产潜力的影响——基于气候观测与遥感土地利用动态观测数据[J].中国科学,2005,35(6):483-492.

[63] 布仁仓,王宪礼,肖笃宁.黄河三角洲景观组分判定与景观破碎化分析[J].应用生态学报,1999,10(3):66-69.

[64] 张金屯,邱扬,郑凤英.景观格局的数量研究方法[J].山地学报,2000,18(4):346-352.

[65] 李颖,张养贞,张树文.三江平原沼泽湿地景观格局变化及其生态效应[J].地理科学,2002,22(6):677-682.

[66] 吴学伟.小三江平原土地利用景观格局演变与生态安全评价[D].武汉:武汉大学,2018.

[67] 孙泽祥,刘志锋,何春阳,等.中国北方干燥地城市扩展过程对生态系统服务的影响——以呼和浩特—包头—鄂尔多斯城市群地区为例[J].自然资源学报,2017,32(10):1691-1704.

[68] 李栋科,丁圣彦,梁国付,等.基于移动窗口法的豫西山地丘陵地区景观异质性分析[J].生态学报,2014,34(12):3414-3424.

[69] 张玲玲,赵永华,殷莎,等.基于移动窗口法的岷江干旱河谷景观格局梯度分析[J].生态学报,2014,34(12):3276-3284.

[70] 杨利,刘勇.神农架大九湖国家湿地公园景观格局动态变化[J].中南林业科技大学学报,2021,41(6):99-111.

[71] 马冰然.子牙河流域湿地景观格局变化分析[D].青岛:中国海洋大学,2015.

[72] 贺嘉楠,高云龙,王宏杰,等.基于最小距离乘积 K-means 算法的改进[J].吉林大学学报(信息科学版),2015,33(5):564-569.

[73] 刘志伟.图像分割方法研究与实现[D].长沙:中国人民解放军国防科技大学,2015.

[74] 王元培.衡水湖湿地和鸟类自然保护区现状与管理措施探析[J].海河水利,2004,23(2):25-27.

[75] 郭子良,张余广,刘丽.河北衡水湖湿地生态补水策略的探讨[J].湿地科学与管理,2019,15(4):27-30.

[76] 吴景峰.衡水湖水位变化特征及其影响因素分析[J].海河水利,2019,16(2):42-47.

[77] 顾宝瑛,岳淑芹,赵艳珍.衡水湖水生生物调查报告[J].河北渔业,1990,18(4):9-11.

[78] 石宝军,李兴光. 衡水湖湿地生态资源可持续发展研究[J]. 衡水学院学报,2012,14(1):5-7.

[79] 江大勇. 衡水湖动植物资源调查研究[J]. 现代农村科技,2021,56(3):98.

[80] 尹俊岭,张学知,张家兴. 衡水湖水生植物水质净化效应研究[J]. 南水北调与水利科技,2009,7(5):128-130,97.

[81] 孙焕顷,范玉贞,韩九皋,等. 衡水湖香蒲群落调查及其对水质的影响[J]. 衡水学院学报,2007,9(1):38-40.

[82] 任振纪,张树山,郑树桓,等. 河北省衡水湖浮游生物调查及对发展养殖的意义[J]. 河北师范大学学报,1992,37(1):85-91.

[83] 刘存,周绪申,石美,等. 衡水湖浮游植物多样性分析及评价[J]. 人民珠江,2018,39(10):124-130.

[84] 丁二峰. 衡水湖水环境特征分析及改善对策[J]. 地下水,2015,37(4):84-86.

[85] 曹玉萍,袁杰,马丹丹. 衡水湖鱼类资源现状及其保护利用与发展[J]. 河北大学学报(自然科学版),2003,23(3):293-297.

[86] 韩九皋. 衡水湖湿地资源的现状、问题与对策[J]. 河北渔业,2007,35(8):43-45,58.

[87] 周绪申,孟宪智,崔文彦,等. 衡水湖湿地鱼类资源调查回顾与常见底层鱼类群落结构现状浅析[J]. 环境生态学,2020,2(4):46-50.

[88] 刘国荣. 衡水湖生态环境现状及保护对策[J]. 现代农村科技,2013,48(14):72-73.

[89] 刘海鹏,卢艳敏,梁魁景. 衡水湖鸟类资源调查及其利用保护[J]. 现代农村科技,2017,52(12):91.

[90] 韩九皋,卢艳敏,李宏凯,等. 衡水湖国家级自然保护区鸟类调查[J]. 福建林业科技,2007,34(4):144-150.

[91] 郭子良,张余广,刘魏魏,等. 河北衡水湖国家级自然保护区水鸟群落特征及其季节性变化[J]. 生态学杂志,2022,3(8):1-15.